蔬果水產篇

小菜王

滋味　簡單　有營

前言

所謂「民以食為天」，提到香港人的嗜好，享受美食一定榜上有名。畢竟每天面對沉重的生活壓力，大家都希望回歸最簡單的快樂，以佳餚滿足脾胃之餘，也照料心靈的需要。因此，無論有多疲累，和家人分享滋味晚餐，是許多人生活的重要一環。

不過，一道完美菜式，除了色香味俱全，還要營養均衡、選料配搭得宜。對忙碌的都市人來說，既要根據家人的不同口味，花時間設計食譜，又要經常轉換口味，確實並不容易。

有見及此，本書以「家常」為主題，收錄逾五百款滋味小菜，包羅常見的水產、蔬果及其他素食材料，按照菜式種類、食材分門別類，照顧到各種場合以及不同讀者的需要。更重要的是，書中每個食譜都詳列烹調方法及食材配搭，讓大家輕輕鬆鬆，幾個步驟就能完成烹調程序，掌握竅門。

另一方面，我們特設星級專題，邀請到支持本地農業的民間組織「港嘢」，以及提倡公平貿易、綠色飲食的餐廳「八一〇四生活盒子」接受訪問，請他們分享以本地食材入饌、按照時令進食的好處，並且公開多個採用了香港蔬果、海產的食譜，讓讀者都能在家煮出清新好滋味。

透過本書，希望大家感受到住家菜的吸引力，對健康有所助益；同時體會和家人、伴侶一同炮製美食的樂趣，為這個繁忙的都市帶來一刻的閒情以及更多的暖意。

目錄

3　前言

18　專題

深耕細作 香港好滋味

八一〇四　Mable

港嘢　龐一鳴

煎

蔬果類

番茄　28　番茄紅衫魚

29　番茄煎蛋餅

29　牛肉釀番茄

南瓜　30　椒鹽南瓜

白蘿蔔　30　XO 醬煎蘿蔔糕

蓮藕　31　煎蓮藕餅

32　煎釀蓮藕

32　魚茸煎藕餅

馬鈴薯　33　酸辣薯餅

芋頭　33　煎釀芋餅

小棠菜　34　小棠菜墨魚餅

蘆筍　35　蘆筍魚柳

茄子　35　百花煎釀茄子

金菇　36　金菇牛肉卷

粟米　37　煎粟米餅

青木瓜　37　木瓜汁煎蟹餅

冬菇　38　百花煎釀冬菇

橙　39　橙汁煎龍脷柳

39　香橙豬扒

40　香橙軟雞

水產類

三文魚　41　茄汁洋葱香煎三文魚

41　風味龍井魚片

42　香草煎三文魚頭

42　豉油皇煎三文魚扒

43　蒜香麻辣三文魚

43　黑椒三文魚串

44　香辣三文魚

44　香檸三文魚

鱔	45	彩椒煎鱔片
	46	蜜汁煎鱔
帶魚	46	香辣煎帶魚
秋刀魚	47	鹽煎秋刀魚
	47	檸香秋刀魚
鯪魚	48	煎鯪魚餅
銀鱈魚	49	檸香椒絲鱈魚扒
鰽魚	49	生煎鰽魚
石斑	50	石斑翡翠苗卷
	50	香煎石斑
黃花魚	51	煎封黃花魚
鯽魚	52	肉茸煎鯽魚
鱸魚	52	香煎鱸魚
龍脷柳	53	蒜香龍脷柳
白飯魚	53	白飯魚粟米粒煎蛋
扇貝	54	鵝肝醬煎扇貝
	55	翠醬汁雙色煎扇貝
蟹	55	五味煎蟹
蝦	56	京汁燒明蝦
	56	香煎蝦餅
	57	茄汁煎蝦碌
	58	生煎明蝦
	58	鐵板明蝦

	59	乾煎蝦碌
	59	鍋貼明蝦
	60	雜果香芒蝦球
	61	煎釀明蝦
	61	大良煎蝦餅
	62	蒜香豉油王煎蝦
蠔	62	蠔仔烙
	63	小白菜煎蠔餅
	63	韭黃煎生蠔

炒

蔬果類

冬瓜	66	豆瓣醬炒冬瓜
絲瓜	67	冬菜蝦米炒絲瓜
	67	勝瓜炒蝦仁
	68	勝瓜雲耳炒魚片
	68	勝瓜炒豬頸肉
涼瓜	69	蒜茸豆豉炒涼瓜
	70	涼瓜蝦仁炒蛋
	70	涼瓜炒牛肉
	71	蒜豉涼瓜炒排骨

目錄

	71	涼瓜炒肉片		85	蒜香炒菜心
豆苗	72	鮑魚菇豆苗炒蝦仁	茼蒿	85	沙茶醬炒茼蒿
	72	雜菌炒豆苗	芥蘭	86	芥蘭炒帶子
生菜	73	蒜茸椒絲炒生菜		86	芥蘭腰果炒冬菇
	74	XO 醬翡翠芙蓉		87	芥蘭苗馬蹄炒海鮮
	74	蒜茸蠔油生菜		87	欖菜肉碎炒芥蘭
椰菜	75	蝦乾炒椰菜	通菜	88	馬拉盞炒通菜
	75	糖醋椰菜	小棠菜	89	蝦仁小棠菜
油麥菜	76	豆豉鯪魚炒油麥菜		89	筍片炒小棠菜
通菜	76	椒絲腐乳通菜		90	蒜香牛柳小棠菜
西蘭花	77	西蘭花炒帶子		90	雙菇扒小棠菜
	78	西蘭花炒土魷	唐芹	91	紅蘿蔔金菇炒唐芹
	78	豆瓣醬炒西蘭花		91	蝦仁豆腐乾炒唐芹
	79	西蘭花炒雙菇	西芹	92	菇粒彩炒
	79	紅蘿蔔煙肉炒西蘭花		93	西芹炒生魚片
韭菜	80	豆腐乾炒韭菜		93	西芹炒帶子
	80	韭菜鳳尾蝦	牛蒡	94	芝麻炒牛蒡絲
白菜	81	素菜竹笙扒菜膽		94	香辣牛蒡牛柳絲
菠菜	82	松子菠菜	蒜芯	95	蒜芯炒牛肉
	82	淮山杞子炒菠菜	京葱	95	京葱爆鴨塊
	83	雪耳炒菠菜	番茄	96	番茄炒蛋
	83	菠菜炒牛肉		97	番茄玉子豆腐
菜心	84	菜心炒魚塊	番薯	97	粟米紅蘿蔔炒番薯

目錄

（馬）（鈴）（薯）98 醋溜土豆絲 🌿

98 紅辣椒銀芽炒薯絲 🌿

（粟）（米）99 五色炒粟米 🌿

99 鹹蛋黃炒粟米 🌿

（豆）（角）100 欖菜炒豆角 🈯

101 乾煸豆角

101 豆角金菇炒魚鬆

（荷）（蘭）（豆）102 荷蘭豆炒魚餅

102 荷蘭豆炒豬膶

（蜜）（糖）（豆）103 鮮蘑菇炒蜜糖豆 🌿

（秋）（葵）103 蒜香炒秋葵

（紅）（蘿）（蔔）104 瑤柱炒三色蘿蔔

105 雪菜炒紅蘿蔔 🌿

105 紅蘿蔔炒蘑菇 🌿

（茄）（子）106 磨豉醬炒茄子 🌿

（蘆）（筍）106 蒜茸炒鮮蘆筍 🌿

（蒜）（芯）107 蒜芯韭黃炒鱔片

（冬）（菇）107 牛油炒鮮冬菇

（蘑）（菇）108 蘑菇青瓜炒生魚片

109 XO 醬雙菇炒牛柳

109 青瓜蘑菇炒蝦仁

（雞）（髀）（菇）110 香蒜炒野菌

110 黑椒爆炒雞髀菇 🌿

（白）（蘿）（蔔）111 蘿蔔炒鯪魚肉

（草）（菇）112 蠔油草菇斑片

112 蠔皇蝦子扒三菇

113 菠蘿炒雙菇 🌿

113 蟹肉扒鮮菇 🈯

（蓮）（藕）114 麻辣藕片 🌿

114 火腿炒蓮藕

115 炒雜菜 🌿

（冬）（筍）116 韭菜冬筍炒蝦仁

116 冬筍豆腐乾炒肉絲

117 蝦子冬筍

117 雪菜炒冬筍 🌿

（竹）（筍）118 醬燒筍 🌿

118 麻辣乾筍絲 🌿

（鮮）（百）（合）119 蘆筍炒百合

120 鮮百合炒牛肉

120 蒜片百合牛柳粒

（菠）（蘿）121 菠蘿炒木耳 🌿

121 菠蘿咕嚕肉 🈯

（芒）（果）122 香芒蘆筍炒魚柳

122 香芒牛柳

目
錄

7

水產類

（石斑）
123 三冬炒斑塊
124 鮮百合蘆筍炒石斑肉
124 彩椒炒斑塊
125 冬筍菜心炒魚片

（銀魚）
125 豆椒炒小銀魚乾

（生魚）
126 勝瓜雲耳炒生魚片
127 蒜茸雙花生魚片

（鱔）
127 豉椒炒鱔片 經典
128 佛手瓜金菇炒鱔片
128 銀芽炒鱔糊 經典

（鯪魚）
129 鹹酸菜炒魚鬆

（帶子）
130 XO 醬炒帶子
130 彩鳳玉帶子
131 西施炒帶子

（扇貝）
131 雙冬炒扇貝

（蝦）
132 XO 醬炒蝦仁
133 XO 醬麻婆蝦球
133 宮保蝦仁
134 龍井蝦仁
134 咕嚕蝦球
135 椒鹽蝦 經典
136 芝士炒蝦

136 香汁乾燒蝦
137 花椒炒蝦
137 雙冬炒蝦仁
138 芙蓉蝦仁
139 蝦仁炒鮮奶
139 雪耳雞蛋炒蝦仁
140 淮山杞子毛豆炒蝦仁
140 西蘭花炒鳳尾蝦
141 黃金蝦 經典
142 米酒青豆炒蝦仁
142 西芹海鮮粒
143 玫瑰蝦仁
143 砂鍋胡椒蝦
144 翡翠明蝦球
145 蝦仁叉燒炒滑蛋
145 腰果蝦仁
146 白雪鮮蝦仁

（龍蝦）
146 清炒小龍蝦

（蟹）
147 蟹黃炒鮮奶
148 薑蔥炒花蟹
148 豉汁炒蟹
149 薑蔥炒蟹 經典
150 年糕炒蟹

目錄

150 酸辣炒蟹

151 胡椒炒蟹 經典

珊瑚蚌 152 珊瑚翡翠玉帶子

152 鹽爆如意蚌

153 鮮百合西芹珊瑚蚌

153 鮮百合蝦仁珊瑚蚌

154 珊瑚蚌炒蜜糖豆 經典

蟶子 155 薑絲炒蟶子

花蛤 155 辣椒膏炒花蛤

田螺 156 葱白炒田螺

田雞 156 冬筍炒田雞

象拔蚌 157 象拔蚌炒西蘭花 經典

158 蜜糖豆炒象拔蚌

墨魚 158 泡椒墨魚仔

159 爆墨魚花

159 台式炒花枝

蜆 160 韭菜沙葛炒蜆米

161 沙嗲炒蜆

161 豉椒炒蜆 經典

162 蠔油炒蜆

魷魚 162 辣炒魷魚絲

163 豉椒炒鮮魷 經典

164 宮保魷魚卷

164 豉椒鮮魷

165 沙嗲醬爆魷魚圈

165 西芹雙魷

煮

蔬果類

冬瓜 168 瑤柱草菇燴冬瓜

169 上湯帶子煮冬瓜

169 冬瓜茸燴鮮蝦

170 蟹肉扒冬茸 經典

南瓜 170 南瓜燴雞

171 雜錦南瓜盅 經典

節瓜 171 粉絲節瓜燜柴魚

172 瑤柱蟹扒節瓜脯

173 冬菇肉絲燜節瓜

173 竹笙雲耳煮節瓜 清

涼瓜 174 水煮釀涼瓜

174 涼瓜煮蜆肉

菠菜 175 金銀蛋煮菠菜

生菜 176 黃金菇扒時菜

176 鮑魚菇扒生菜

目錄

9

菜心	177	雜菌鮮筍煮菜心
芥菜	177	奶香上素
	178	大芥菜燜火腩
椰菜	178	牛油椰菜
	179	野菌雜菜鍋
蜜糖豆	180	鮮冬菇扒蜜糖豆
馬鈴薯	180	雪菜燜馬鈴薯
芋頭	181	芋汁扒四蔬
	181	椰奶燜芋頭
白蘿蔔	182	辣味煮蘿蔔
	182	蘿蔔煮魚鬆
茄子	183	魚香茄子
	184	榨菜辣茄子
	184	豉椒煮茄子
	185	醬香茄子
鮑魚菇	185	蘋果燴雙菇
	186	南乳鮑魚菇
金菇	186	金菇扒芥菜膽
蓮藕	187	蓮藕牛腩煲
	188	蓮藕肉片燜芋絲
	188	香燜藕片
草菇	189	蝦子蠔油扒雙菇
蘑菇	189	咖喱雜菜燜蘑菇

冬菇	190	蠔油煮冬菇
	190	薑汁酒蠔油燜冬菇
水產類		
鮑魚	191	魚子醬九孔鮑魚
	192	三杯鮑魚
	192	鮑片扒生菜膽
	193	玉竹雪耳燜鮑魚
海參	193	蠔王薑葱燴刺參
	194	家常海參
	195	花菇燜海參
	195	XO 醬燴海參
	196	冬筍蓮子蒸海參
	196	三鮮燴海參
	197	蝦子蛋白燴海參
	198	瑤柱冬筍燜海參
	198	香菇蒟蒻煮海參
鯽魚	199	薑醋鯽魚煲
	199	大葱燜鯽魚
桂花魚	200	雪菜浸煮桂魚
黃花魚	200	紅燒黃花魚
鯇魚	201	魚腩茄子煲
	202	薑葱肉絲燜鯇魚
	202	紅燒鯇魚

目錄

生魚	203	龍井雞汁生魚片		216	油鹽水煮蜆
石斑	203	蒜茸魚湯煮石斑		217	蜆煨魚片
鱔	204	涼瓜煮白鱔	蟶子	217	辣酒煮蟶子
	204	味菜燜門鱔魚	魷魚	218	三色椒釀鮮魷
蝦	205	玻璃大蝦		219	砂鍋魷魚
	206	油燜大蝦		219	酸菜魷魚
	206	紅燒蝦段		220	三杯小卷
	207	鹽水煮蝦	田螺	220	黃酒煮田螺
	207	啤酒醉蝦	墨魚	221	滷墨魚
	208	碧螺春蝦仁		221	墨魚紅燜豬肉
	209	杏香蝦仁			
	209	紹酒杞子凍蝦			
龍蝦	210	上湯焗龍蝦	**炸**		
	210	焗釀龍蝦			
蟹	211	肉蟹粉絲煲	**蔬果類**		
	212	香辣花蛤煮蟹	菠菜	224	如意卷
青口	212	蒜茸青口	涼瓜	225	香橙涼瓜件
	213	清酒煮青口		225	椒鹽涼瓜
	213	紅椒白蘭地煮青口	南瓜	226	炸杏仁南瓜
蠔	214	花椒木耳煮蠔	絲瓜	226	絲瓜天婦羅
帶子	214	棠菜拌帶子	西芹	227	翡翠骨香雞
蜆	215	白酒番茄浸蜆	番茄	227	番茄蛋餃
	216	清酒煮蜆	粟米	228	粟米斑塊

目錄

229　粟米脆皮籽蝦

南瓜　229　雪花蝦球

蓮藕　230　炸蓮藕丸

冬菇　230　椒鹽雙菇 素🍃

鮑魚菇 231　炸鮑魚菇 素🍃

洋葱　231　炸洋葱圈 素🍃

茄子　232　雜菜天婦羅 經強🦐

　　　233　特色炸茄子

芋頭　233　香芋蟹盒

　　　234　炸芋茸帶子

蜜桃　234　蜜桃脆蝦仁

菠蘿　235　甜酸魚塊

芒果　235　芒果炸帶子

水產類

鯪魚　236　酸甜雲吞 經強🦐

　　　237　豆瓣醬炸鯪魚

　　　237　核桃魚球

黃花魚 238　五柳黃花魚 經強🦐

　　　238　醋溜黃花魚

桂花魚 239　鮮果松鼠魚

白飯魚 239　椒鹽白飯魚 經強🦐

龍脷柳 240　炸魚手指

三文魚 241　椒鹽三文魚頭

石斑　241　炸芝麻魚片

　　　242　香炸果醬魚

　　　242　金柚芒果石斑

鱔　243　黑椒鱔球

　　　243　南乳脆鱔球

蝦　244　沙律蝦 經強🦐

　　　245　炸蝦棗

　　　245　炸釀大蝦

　　　246　酥炸蝦盒

　　　246　紅葱蝦丸

　　　247　香蒜脆蝦

　　　248　椰香牛油蝦

　　　248　香葱油蝦串

　　　249　炸琵琶蝦

　　　249　炸鳳尾蝦 經強🦐

　　　250　酥炸蝦丸

　　　251　蟹汁明蝦卷

　　　251　百花卷

　　　252　油浸生中蝦

　　　252　芝士香草蝦

　　　253　芝麻蝦 經強🦐

　　　254　百花蝦夾

目錄

254 日式炸蝦

255 炸蝦球 經典

255 茄汁蝦球

蟹 256 炸蟹箱 經典

257 炸蟹棗 經典

257 酥炸軟殼蟹

帶子 258 香酥帶子

扇貝 258 軟炸扇貝

墨魚 259 椒鹽墨魚卷

魷魚 260 甜酸魷魚圈

260 椒鹽魷魚鬚 經典

青口 261 炸煙肉青口卷

田雞 261 椒鹽田雞

涼瓜 267 蓮子豬肉釀苦瓜

267 蟹肉釀涼瓜

冬菇 268 釀冬菇 經典

南瓜 269 排骨蒸南瓜

269 素菜南瓜盅 素

270 鹹蛋黃蒸南瓜 素

270 原個南瓜蒸肉

茄子 271 蒜茸蒸茄子 素

節瓜 272 蒜茸粉絲蒸節瓜 素

絲瓜 272 冬菇醬汁絲瓜

273 菇粒絲瓜蒸麵筋 素

273 瑤柱蝦膠釀絲瓜

芥蘭 274 豉香芥蘭魷魚片

白菜 274 鮮雜菌白菜卷 素

蓮藕 275 釀藕片

276 蒸糯米釀蓮藕

番薯 276 蒸芽菜番薯片 素

馬鈴薯 277 馬鈴薯蒸雞肉

芋頭 277 芋泥鴨

蘆筍 278 三寶釀竹笙

番茄 279 豆腐番茄蒸蛋 素

馬蹄 279 清蒸珍珠丸 經典

竹笙 280 筍粒蒸肉

蒸

蔬果類

冬瓜 264 鹹豬肉蒸冬瓜夾

265 梅菜蒸冬瓜 素

265 冬瓜魚夾

266 海鮮冬瓜盅 經典

266 瑤柱蒸冬瓜球

（青椒） 280 蒸釀青椒

 水產類

（銀鱈魚） 281 瑤柱陳皮蒸銀鱈魚

282 鮮茄銀鱈魚

282 冬菜蒸鱈魚

（鱸魚） 283 清蒸鱸魚

284 檸檬蒸鱸魚

284 豉汁蒸鱸魚

285 麒麟鱸魚

（黃花魚） 285 酒釀蒸黃花魚

（鯇魚） 286 欖角蒸魚腩

287 牛肝菌瑤柱鯇魚

287 清蒸榨菜魚頭

288 豆豉蒸鯇魚

289 大頭菜蒸鯇魚腩

289 麵醬蒸魚雲

（烏頭） 290 鹹檸檬蒸烏頭

291 豉汁蒸烏頭

291 清蒸烏頭

292 潮州凍烏頭

（石斑） 292 薑葱蒸石斑塊

（三文魚） 293 核桃松子三文魚卷

（帶魚） 294 蒜香帶魚

（鯧魚） 294 清蒸鯧魚

295 紅辣椒蒜茸蒸鯧魚

295 豉椒香辣鯧魚

（龍脷柳） 296 冬菜蒸龍脷柳

297 欖菜蒸魚柳

（鱔） 297 豉汁蟠龍鱔

（鯪魚） 298 紫菜鯪魚卷

299 欖角蒸鯪魚

299 蒜茸豆豉金菇蒸鯪魚

（獅子魚） 300 麵醬蒸獅子魚

（鮑魚） 301 鮑魚香菇紮

301 蒜茸蒸鮮鮑魚

（蝦） 302 荷葉蒸蝦

302 蝦仁魚肚鮮竹笙

303 金銀蒜蒸開邊蝦

304 冬菇粉絲蒸蝦仁

304 蒜茸蒸蝦

305 滑蒸冬菇蝦

305 豉油王蒸蝦

306 百花蒸釀豆腐

307 繡球蝦仁

307 鹽蒸蝦

308 鮮蝦油豆腐

309 百花蒸釀香菇

龍蝦	309	清蒸大龍蝦 經油
蟹	310	清蒸花蟹 經油
	311	酒香肉蟹
	311	台山蒸蟹缽
	312	香辣蒸蟹
	312	蛋白蒸肉蟹
	313	雞油蒸奄仔蟹
	314	蒸豬肉釀蟹
	314	蒜香蒸蟹箝
	315	蒸釀蟹蓋
	316	玉蘭蒸蟹球
象拔蚌	316	豉汁蒸象拔蚌
魷魚	317	蝦醬蒸魷魚筒
	318	蝦醬蒸鮮魷
	318	生抽魷魚筒
花蛤	319	豉汁蒸花蛤
海參	319	百花釀海參
扇貝	320	蒜油蒸扇貝 經油
帶子	321	蒜茸粉絲蒸帶子
	321	冬菇蒸帶子
	322	豉汁蒸帶子豆腐
田雞	323	雪耳蒸田雞
	323	荷葉蒸田雞 經油

涼拌

蔬果類

木瓜	326	清香木瓜絲
涼瓜	327	涼瓜鹹蛋 素
青瓜	327	涼拌青瓜車厘茄 素
菠菜	328	麻香涼拌菠菜 素
茼蒿	328	雙筍拌茼蒿 素
白蘿蔔	329	酸辣白蘿蔔 素
番茄	329	七味涼拌番茄 素
蓮藕	330	麻辣拌蓮藕 素
金菇	330	涼拌金菇 素

水產類

海蜇	331	芥末拌青瓜海蜇 經油
鮑魚	332	黑醋涼拌鮑魚
銀魚	332	涼拌銀魚秋葵
墨魚	333	魚子拌海鮮
海帶	333	蝦米海帶絲
	334	涼拌麻辣海帶絲 素
海蜇	334	海蜇雙絲
	335	香麻海蜇雞腳
	335	海膽醬拌海蜇皮

專題

「港嘢」成員
龐一鳴

「八一〇四」
負責人
Mable

深耕細作
香港好滋味

在日本或者歐洲旅遊，不難發現超市最當眼的位置，總是預留給最新鮮的本地食材，甚至比遠渡重洋的外國貨更貴、更受歡迎。回到香港，我們卻習慣了不分季節，每天購買相同的食物，要是稍有預算，也寧願選擇日本和牛、澳洲蔬果，提起本地農產品？往往換來一句「香港還有農田嗎」。

用美食播種

然而，在這個石屎森林，依然有人在默默守護農業，並且相信天然健康的美食能夠改變社會。例如民間組織「港嘢」，於二零一四年成立，五年來和一眾農夫、小店、餐廳合作，把香港出產的新鮮蔬果、醬料，化身成不同的主題晚餐和到會，並邀請生產者介紹食材的性質、來源、生長環境，甚至是相關的農業政策，讓食客能夠嘗試不一樣的消費模式，同時關心社會議題。

因此，他們和位於觀塘工業區的「八一〇四生活盒子」一拍即合。八一〇四的負責人 Mable 指出，五年前創辦這間餐廳時，她和其他負責人、廚師都沒有從事過飲食業，但大家都想透過食物傳遞一些比較好的價值，例如環保、公平貿易等。「回到生活基本，無論是任何階層、任何背景，我們一日三餐都要吃東西，所以食物可以連繫生活中很多議題，令人由食物聯想到生產者，再到環境保護、城市規劃。我們希望這裏能讓人舒服地交流、分享想法，成為一個播種的平台。」

這些理念看似新潮，卻和我們的傳統一脈相承。譬如季節、土地與食物的連繫，從傳統節日的應節食品可見一斑：我們會在新年吃蘿蔔糕，是因為冬季盛產大蘿蔔，要在短時間內消耗掉，唯有把它製成糕點，方便保存之餘，也適合過節時和家人分享。時至

今日，Mable 還記得小時候到了特定季節，就要幫祖母醃子薑、切蘿蔔：「甚麼時候吃甚麼食物，是一代一代流傳下去的智慧。」另一方面，唯有本地的時令食材最能夠對應我們的身體需要：「例如夏天盛產冬瓜，可以解暑；又例如涼茶的原材料主要生產在南方，是因為南方人才需要祛濕消暑。」她和港嘢的成員龐一鳴都認為，推廣本地產品，不是說香港的食材一定比其他地方好，而是最新鮮、最天然的食材總是特別好。因此無論身處世界各地，都應該發掘當地、當季的材料。

當下限定的味道

Mable 想起她曾經在歐洲學習製作天然酵母並用來造麵包，可惜因為氣候、環境不一樣，在香港無法培養出同樣的酵母，也無法烘焙出同樣味道

的麵包。她本來有點感傷，但有次用上水塱原的糙米培養酵母，發現酵母很有活力，製作出的麵包也非常美味：「那時突然有點感動，覺得眼前這個麵包，由最開始已經是屬於香港的味道。」

同樣道理，有了時令限制，不時不食，令她反思以往逛超市時，只會購買最常見的材料，流水作業不用思考，煮出來的反反覆覆都是相同的味道。自從和港嘢合作，親身接觸本地農場後，豐富了她的食材資料庫，也令她開始思考如何把握食材的當造期以及它們的特性，啟發烹飪靈感。

就像椰菜，我們在超市見到的通常只有一兩個品種，但最近有些本地農夫努力試驗椰菜的耕作技術，Mable 才發現椰菜其實有很多不同品種，推動她去思考每個品種的口感和味道，怎樣運用到不同菜式。「當我們在食譜上看到『椰菜』，究竟應該用圓的還是扁的？老的還是嫩的？如果有機會接觸不同的農作物，就能開闊對烹飪的想像。」

不過現實往往是知易行難，一鳴和 Mable 也明白香港人生活忙碌，不可能經常到農墟採購食物。對此，Mable 建議多用腳步探索，看看自己的社區有甚麼小店和街市：「基本上每個街市都有一些很好的攤檔，不難找到本地蔬果、海產。如果能在生活環境中建立起這樣的資料庫，有助我們更輕易地實踐。」一鳴則建議過節時避免外出消費，留在家中烹調健康且特別的菜式：「大部分餐廳都是用最常見的食材，以致部分本地食材愈來愈少人知道，令食譜失傳。而無論是支持環保和本地農業，還是為了家人健康，這都是最直接和最簡單的方法。」

本地農作物耕種時間表

農作物分類	農作物	1	2	3	4	5	6	7	8	9	10	11	12
白菜類	芥蘭	○	○	○	○						○	○	○
	西蘭花	○	○	○									○
	椰菜花	○	○	○									○
	椰菜	○	○	○									○
	大芥菜	○	○	○									○
	白菜	○	○	○	○					○	○	○	○
	菜心	○	○	○	○					○	○	○	○
	黃芽白	○	○										○
葉菜類	莧菜					○	○	○	○	○			
	通菜					○	○	○	○				
	潺菜					○	○	○	○				
	西芹	○	○	○	○								○
	唐芹	○	○	○								○	○
	番茜	○	○	○	○	○							
	茼蒿	○	○	○	○							○	
	菠菜	○	○	○							○	○	○
	生菜	○	○	○	○						○	○	○
	番薯葉					全 年 可 種							
蔥蒜類	蔥					全 年 可 種							
	韭菜					全 年 可			種				
	大蒜	○	○	○	○	○							
	蒜頭	○	○	○								○	
	洋蔥												
茄果類	辣椒					全 年 可 種							
	甜椒	○	○	○								○	○
	番茄	○	○	○	○	○						○	○
	茄子	○	○	○	○				○				○
瓜類	青瓜				○	○	○	○	○	○	○		
	絲瓜					○	○	○	○	○	○		
	節瓜					○	○	○	○	○	○		
	冬瓜					○	○	○	○	○	○		
	涼瓜/苦瓜				○	○	○	○	○	○			
	西瓜					○	○	○	○				
	意大利青瓜				○	○	○	○	○	○			
	葫蘆瓜				○	○	○	○	○	○	○		
	黃瓜				○	○	○	○	○	○	○		
	番瓜				○	○	○	○	○	○	○		
豆類	豆角				○	○	○	○	○	○			
	綠豆						○	○	○	○			
	紅豆						○	○	○				
	黃豆						○	○	○				
	玉豆	○	○	○									○
	荷蘭豆	○	○	○									○
	蠶豆	○	○	○									○
	花生	○				○	○	○					
根菜類	甘筍	○	○	○	○	○					○	○	○
	早水蘿蔔	○	○	○							○	○	○
	白蘿蔔	○	○	○							○	○	○
	櫻桃蘿蔔	○	○	○	○						○	○	○
	紅菜頭	○	○	○								○	○
薯芋類	番薯					全 年 可 種							
	薑									○	○	○	
	馬鈴薯	○	○	○	○	○							
水果	青梅				○								
	荔枝					○	○						
	龍眼							○	○				
	番石榴									○			
	洛神花										○	○	
其他	秋葵						○	○	○	○			
	粟米	○			○	○	○				○		
	蘆薈						○	○	○				
	稻米									○	○	○	

菠蘿海鮮焗飯

材料

飯 1 碗，雞蛋 1 隻，蝦 2 隻，魚肉數片，車厘茄 3 粒，馬蘇里拉芝士適量，鹽適量

菠蘿醬

新鮮菠蘿 500 克，糖 150 克，檸檬 1 個

調味料

菠蘿醬 1 湯匙，糖 1 茶匙，生抽 1/2 茶匙

做法

① 菠蘿去皮、切粒。檸檬榨汁。燒熱鑊，加入菠蘿粒、糖及檸檬汁後以慢火煮至菠蘿出汁，打爛成茸，煮至濃稠成菠蘿醬備用。

② 蝦去殼、挑腸，魚肉加少許鹽略醃，車厘茄洗淨、切半，雞蛋打勻備用。

③ 燒熱鑊下油，加入蛋液煎熟，用鑊鏟切成蛋粒，加入飯，炒至均勻，加少許鹽調味。

④ 燒熱鑊，下蝦肉及魚肉煎至 7 成熟備用。

⑤ 炒飯放入焗盤，鋪上蝦肉、魚肉、車厘茄，把調味料混合後淋在上面，放上適量馬蘇里拉芝士，放入已預熱的焗爐，以 240℃ 焗 6-7 分鐘，至芝士融化即成。

南瓜麵包

材料

南瓜 250 克，高筋麵粉 300 克，無鹽牛油 30 克，黑糖 23 克，牛奶 20 毫升，乾酵母 3 克，鹽 2 克

做法

① 南瓜洗淨，去皮、切塊，隔水蒸至軟腍。倒掉盤子多餘水份後，用叉將南瓜壓成茸，放涼。

② 除牛油外，把所有材料放入大鋼盤內混合，放置 5 分鐘後，再搓揉約 5 分鐘，成為不黏手的麵糰。

③ 把牛油切粒後加入麵糰，搓揉至牛油完全融合，麵糰呈現彈性，可拉出薄膜即可。

④ 把麵糰搓成圓形，收口捏緊朝下，表面光滑，放入灑上少量麵粉的大鋼盤內，蓋上布巾，置於較溫暖的地方（如關上門的焗爐）進行第一次發酵，約 60 分鐘。

⑤ 將麵糰移出到桌面，用手壓出麵糰內的空氣。

⑥ 將麵糰分成 8 等份，搓成圓形，放入焗盤中，麵糰間保留適當間距。刮板沾上高筋麵粉，在麵糰邊緣壓出紋路。蓋上布巾，進行第二次發酵，約 45 分鐘。

⑦ 放入已預熱的焗爐，以 170℃ 焗約 17 分鐘，至表面呈金黃色，檢查底部熟透即可。

彩虹鯛蔬菜卷

材料

彩虹鯛 1 條，西芹適量，甘筍適量

醃料

鹽少許，麻油少許，生粉少許

芡汁

生粉 1 茶匙，鹽 1/4 茶匙，糖 1/4 茶匙，麻油 1/4 茶匙，水 4 湯匙

做法

① 彩虹鯛去鱗、劏好、洗淨、瀝乾，起肉，切雙飛薄片，混入醃料。

② 甘筍、西芹洗淨、切條。

③ 甘筍及西芹鋪在魚肉上，捲成蔬菜卷，隔水蒸 5-7 分鐘。

④ 煮芡汁至濃稠，淋在蔬菜卷上即成。

▶ 大廚王承傑正示範烹調菜式。

菠菜蘑菇蛋批

材料

菠菜 150 克，蘑菇 4 粒，雞蛋 1
隻，牛奶 80 毫升，鹽 1/4 茶匙（5
吋蛋批份量），百里香 少許，黑椒
少許，紅椒粉少許

撻皮材料

低筋麵粉 100 克，凍牛油 45 克，
蛋液 24 克，鹽 1 小撮，水 12 毫升

做法

① 凍牛油切細粒，與低筋麵粉、
  鹽放入食物調理機，打成乾爽
  碎屑狀即可。混入蛋液和水，
  黏成麵糰狀。放在冰箱靜置 30
  分鐘。

② 在桌上灑上少量麵粉（份量外），
  用麵棍將麵糰擀成約 3 毫米薄
  片，鋪入撻模，用姆指將撻皮
  稍下壓，令撻皮貼近模具底部，
  再修整邊緣，切去多餘的撻皮。
  用叉在底部叉小孔疏氣。

③ 撻皮放入已預熱的焗爐，以
  180℃焗 15 分鐘至半熟，取出
  備用。

④ 菠菜洗淨，切碎。燒熱鑊，下
  菠菜炒熟，倒掉多餘的水。

⑤ 蘑菇用濕布清潔表面，切細粒。
  燒熱鑊，下蘑菇，加入黑椒、
  百里香略炒備用。

⑥ 雞蛋打勻，混入牛奶、黑椒、
  紅椒粉、鹽適量調味，加入已
  炒好的菠菜及蘑菇。將餡料倒
  入已焗至半熟的撻皮中。

⑦ 放入已預熱的焗爐，以 180℃
  焗約 25 分鐘。用小刀插入中間
  部分，取出時刀面沒有黏上麵
  糊，即為熟透。

番茄紅衫魚

材料

紅衫魚 1 條，番茄 2 個，薑 2 片，蒜片 1 湯匙，雞蛋 1 隻，鹽、胡椒粉各適量

調味料

茄汁 1 茶匙，鹽 1/2 茶匙，糖 1/4 茶匙，油 1/2 茶匙，水 1 湯匙，胡椒粉適量

做法

① 紅衫魚去鱗，劏好，洗淨，瀝乾，均勻地抹上鹽及胡椒粉。

② 番茄洗淨，切大件；雞蛋打勻。

③ 燒熱鑊下油，爆香薑片，以中火煎紅衫魚至兩面金黃，盛起，瀝油。

④ 再燒熱鑊下油，爆香蒜片，下番茄略炒，加入調味料，紅衫魚回鑊略煮，加蛋液拌勻便成。

番茄煎蛋餅

材 料

雞蛋 5 隻
番茄、洋蔥各 2 個

調 味 料

胡椒粉、鹽各適量

做 法

① 番茄洗淨，去皮，切粒；洋蔥去衣，
切絲，炸至呈金黃色。
② 拌勻雞蛋和調味料，加入番茄和洋
蔥，下油鑊煎至兩面呈金黃色。

牛肉釀番茄

材 料

免治牛肉 160 克
番茄 4 個
牛油、蒜茸各 1 茶匙

調 味 料

鹽、糖各 1/4 茶匙

做 法

① 番茄洗淨，去蒂，挖出番茄肉，保
留番茄外層。
② 番茄肉、免治牛肉加入調味料拌
勻，下油炒熟，釀入番茄中。
③ 燒熱鑊，煮溶牛油，加入蒜茸炒
香，把番茄釀牛肉煎至熟透即成。

TIPS

番茄酸酸甜甜，加上香味濃郁的蒜茸，能
帶出牛肉的鮮味，令人非常開胃。

椒鹽南瓜

材 料

南瓜 500 克
麵粉適量

醃 料

鹽適量

調 味 料

椒鹽 1 茶匙

做 法

① 南瓜去皮去籽，洗淨，切片，用鹽略醃，瀝乾水分，在表面沾上適量麵粉。

② 燒熱油鑊，把南瓜煎至兩面呈金黃色，灑上椒鹽，即可食用。

XO 醬煎蘿蔔糕

材 料

蘿蔔糕 300 克
XO 醬 3 湯匙
炒香花生碎 2 湯匙
芫荽 1 棵

做 法

① 蘿蔔糕切件；花生切碎；芫荽洗淨，切碎。

② 燒熱油鑊，將蘿蔔糕煎至兩面金黃，加入 XO 醬拌勻，撒上花生碎和芫荽碎即成。

煎蓮藕餅 經典

材料
蓮藕 200 克
鯪魚肉茸 150 克

醃料
糖 1 茶匙
生粉 1 茶匙
鹽 1/2 茶匙
胡椒粉少許
麻油少許

芡汁料
糖 1 茶匙
生粉 1 茶匙
老抽 1/2 茶匙
清水 3-4 湯匙

做法
① 蓮藕洗淨，切薄片數片。其餘剁茸，撲上少許生粉。
② 鯪魚肉茸加入醃料拌勻，置冰箱待 15 分鐘。放入蓮藕茸拌勻，釀夾在蓮藕片上，輕輕壓實。
③ 熱鍋燒 3-4 湯匙油，放入蓮藕片煎至焦黃和熟透，盛起。
④ 原鑊加熱，倒入芡汁料煮稠，淋在蓮藕片上。

煎

煎釀蓮藕

材料
蓮藕 600 克
免治豬肉 150 克
蔥 2 條

醃料
麻油 1/2 茶匙
生粉、水各 1 茶匙

調味料
米酒 1/2 茶匙
糖 1/4 茶匙
油 1/2 茶匙
麻油適量

芡汁料
生粉 1 湯匙
水 2 湯匙

做法
① 蓮藕刨皮，洗淨，切成厚片；免治豬肉加醃料拌勻；蔥洗淨，切茸。
② 將免治豬肉釀入蓮藕的空洞中，燒熱油鑊，將藕片煎至兩面金黃，盛起。
③ 鑊底留油，加入蔥茸爆香，藕片回鑊，加調味料煮滾，淋麻油，勾芡，即可。

魚茸煎藕餅

材料
鯪魚肉 200 克
蓮藕 150 克
蝦米、蔥花各 1 湯匙
生粉 2 湯匙

汁料
鹽 1/4 茶匙
生抽、美極醬油各 1 茶匙
糖 3/4 茶匙
麻油、胡椒粉各少許
水 4 湯匙

做法
① 蓮藕去皮，切薄片。
② 蝦米切碎，與蔥花放入魚肉中攪勻。
③ 將魚肉釀入兩塊藕片中，沾上生粉。
④ 用少許油煎至金黃色盛起，倒餘下的油。
⑤ 放入汁料，再放入蓮藕，用慢火煮至汁液收乾。

蓮藕 馬鈴薯 芋頭

酸辣薯餅

材料

馬鈴薯 300 克
雞蛋 2 隻
粟粉 1 湯匙

調味料

茄汁 3 湯匙
辣椒醬 2 湯匙
砂糖、油各 1 茶匙
鹽 1/2 茶匙
胡椒粉適量

做法

① 馬鈴薯洗淨，去皮，切絲；雞蛋拌勻。
② 拌勻所有材料和調味料，下油鑊煎至兩面呈金黃色，即可食用。

煎釀芋餅

材料

芋頭 500 克
蝦仁 50 克
腰果 50 克
免治雞肉 50 克
葱茸、薑茸各 1 茶匙
油 1 茶匙

醃料

鹽、糖各少許
醋 1/4 茶匙
米酒 1/2 茶匙

做法

① 材料洗淨。芋頭蒸熟，壓成茸，加油拌勻。
② 免治雞肉加醃料拌勻。
③ 蝦仁和腰果切幼粒，與葱茸、薑茸同加入芋茸中拌勻。
④ 將芋茸做成圓餅狀，中間弄成凹位，釀入免治雞肉。
⑤ 燒熱油鑊，將芋茸餅煎至兩面金黃，即可。

小棠菜墨魚餅

材料

墨魚肉 240 克
免治豬肉 40 克
小棠菜 3 棵

調味料

蛋白 1 湯匙
生粉 1 茶匙
鹽、胡椒粉各 1/2 茶匙

做法

① 拌勻墨魚肉和免治豬肉，用攪拌機攪成墨魚膠。
② 小棠菜洗淨，切碎。
③ 拌勻墨魚膠和小棠菜碎，加入調味料，拌至起膠，搓成墨魚餅。
④ 燒熱鑊，下油把墨魚餅煎至呈金黃色即可食用。

蔬果類 小棠菜 蘆筍 茄子

蘆筍魚柳

材 料

蘆筍 320 克，魚柳 4 片

醃 料

鹽 1/2 茶匙，胡椒粉少許

調 味 料

檸檬汁 1/2 茶匙

酒、生抽各 1/2 茶匙

糖 1/4 茶匙

胡椒粒 1/2 湯匙

做 法

① 魚柳洗淨，瀝乾水分，用醃料略醃。

② 蘆筍洗淨，削去硬的根部，用鹽水汆水，瀝乾。

③ 燒熱油鑊，將魚柳煎至兩面金黃和熟透，上碟，伴以蘆筍。

④ 調味料煮滾，淋在魚柳和蘆筍上，即成。

煎

百花煎釀茄子

材 料

茄子 2 條

蝦膠 300 克

薑茸 1 湯匙

蒜茸 1 湯匙

生粉適量

汁 料

生抽 1/2 湯匙

老抽 2 茶匙

糖 1/4 茶匙

米酒 1/2 茶匙

麻油少許

芡 汁 料

生粉 1 湯匙

水 2 湯匙

做 法

① 茄子洗淨，切厚片，抹上生粉，將蝦膠釀在茄子上，抹平。

② 燒熱油鑊，下釀茄子煎至兩面金黃，盛起。

③ 再燒熱油鑊，爆香薑茸、蒜茸，加汁料煮滾，勾芡，淋在釀茄子上即成。

金菇牛肉卷

材料

鮮牛肉 200 克
金菇 80 克

醃料

鹽 1/2 茶匙
生粉 2 茶匙

汁料

蠔油 1 湯匙
老抽、生粉各 1 茶匙
水 2 湯匙

做法

① 鮮牛肉切成 6×6 厘米的大薄片，加醃料拌勻，放入雪櫃中冷藏 1 小時。
② 金菇洗淨，切去底部。
③ 將金菇放在牛肉片上捲成卷，用生粉封口。
④ 燒熱油鑊，下牛肉卷煎至金黃，盛起；鑊底留油，加入汁料勾芡，澆在牛肉卷上即成。

蔬果類 金菇 粟米 青木瓜

煎粟米餅 素

材料
粟米粒 1/2 杯

麵糊
生粉 2/3 杯
雞蛋 2 隻
鮮奶 1 杯
發粉 1/8 茶匙
水適量

調味料
葱茸 1 湯匙
麻油少許

做法
① 鮮奶放碗中，逐少加入生粉拌至幼滑，加入其他麵糊料拌勻，再加入粟米粒拌勻，拌入調味料。
② 燒熱油鑊，將粟米麵糊逐個攤成餅狀，煎至兩面金黃即可。

木瓜汁煎蟹餅

材料
熟木瓜 1/2 個
乾葱碎 1 茶匙
蟹柳碎 2 杯
雞蛋 2 隻
紅椒粉 1/2 茶匙
芫茜碎 1.5 湯匙
蒜茸 1 茶匙
薑茸 2 茶匙
紅椒碎 2 茶匙
薄荷葉碎 1 茶匙
青檸汁 1 湯匙
麵包糠適量

調味料
白酒 1/2 湯匙
鹽 1/4 茶匙
椒鹽 1/2 茶匙
胡椒粉少許

做法
① 木瓜洗淨，切粒。
② 木瓜粒、乾葱碎加白酒 1/4 杯煮軟，再其他調味料，再煮一會，放進攪拌機中打成木瓜汁。
③ 所有材料（木瓜汁、麵包糠除外）加入調味料拌勻，搓成小圓餅，均勻地蘸上麵包糠。下油鑊煎至金黃色，瀝油，以木瓜汁拌食。

百花煎釀冬菇

材料
鮮冬菇 10 朵
蝦膠 80 克
蔥粒 1 湯匙
生粉適量

調味料
鹽、胡椒粉各適量

做法
① 鮮冬菇洗淨，去蒂，汆水，瀝乾水分，在內側抹上生粉。
② 拌勻蝦膠、蔥粒和調味料，拌至起膠，釀在冬菇上，下油鑊煎至熟透，即可食用。

TIPS
製作蝦膠時不宜剁得太細，剁得太細會使鮮味和水分流失。

蔬 果 類　冬 菇　橙

橙汁煎龍柳

材料

龍脷柳 200 克
橙 1 個

醃料

蜜糖 1 茶匙
生抽 1/2 茶匙
鹽 1/3 茶匙

芡汁料

生粉水、糖各 1 湯匙
生抽 1/2 湯匙

做法

① 橙洗淨,切成 2 份,1 份橫向切片,1 份榨汁,把芡汁料加入橙汁中拌勻。
② 龍脷柳洗淨,瀝乾水分,用醃料醃 15 分鐘。
③ 燒熱鑊,下油把龍脷柳煎至兩面呈金黃色,盛起。
④ 再燒熱鑊,煮滾芡汁料,加入龍脷柳,煮滾即可。

香橙豬扒

材料

腩排 900 克
橙 1 個
濃縮橙汁 1 湯匙
鹽 1/8 茶匙
水適量

醃料

OK 汁、白葡萄酒各 1 湯匙
叉燒醬 2 湯匙
生粉 3 湯匙
油、鹽各 1 茶匙

芡汁料

生粉 1 湯匙
水 2 湯匙

做法

① 將腩排斬成 3 件,洗淨瀝乾;把 1/2 個橙皮刨茸,取部分橙肉切粒。
② 腩排加醃料拌勻。
③ 燒熱油鑊,將腩排兩面煎成金黃色,瀝乾油分。
④ 再燒熱油鑊,下橙汁、橙皮、橙肉粒、水和鹽,慢火煮滾,勾芡,加入腩排拌勻汁料即成。

香橙軟雞

蔬果類 橙 水產類 三文魚

材料

雞腿肉 600 克
麵粉 3/4 杯
雞蛋 1 隻
橙 1 個

醃料

生抽 1 茶匙
鹽、糖各 1/2 茶匙
麻油及胡椒粉各少許
生粉 2 茶匙
水 1 湯匙
油 1 茶匙

芡汁料

橙汁 1/2 杯
鹽 1/4 茶匙
糖 1/2 茶匙
檸檬汁 1 湯匙
生粉 1 茶匙

做法

① 雞腿肉洗淨，瀝乾，用刀背拍鬆，切件，以醃料醃 15 分鐘；雞蛋打勻。

② 橙洗淨，把 1/2 個橙皮刨絲，用滾水浸 5 分鐘，隔淨水分；橙肉切片。

③ 雞腿肉先沾上麵粉，蘸蛋汁，再沾上麵粉。燒熱油鑊，用中火將雞肉煎至金黃熟透，取出。

④ 將芡汁料和橙皮絲煮成芡汁，下橙肉和雞件拌勻後即成。

茄汁洋蔥香煎三文魚

材料
三文魚柳 300 克
番茄 1 個，洋蔥 1 個
水 1/2 杯

醃料
鹽 2 茶匙

調味料
糖 1/3 茶匙，鹽 1/2 茶匙
蠔油 1/2 湯匙

做法
① 三文魚柳洗淨，抹乾，以鹽塗勻兩面，醃 20 分鐘。
② 番茄洗淨，切開，挖出番茄肉留用，洋蔥洗淨，去衣切粒。
③ 燒熱油鑊，用中火把三文魚柳煎至兩面金黃，上碟。
④ 再燒熱油鑊，炒香洋蔥，放入番茄肉略炒後倒入調味料，加水，煮滾後淋在三文魚柳上。

煎

風味龍井魚片

材料
三文魚柳 200 克
龍井茶葉 4 湯匙
油 2 湯匙，生粉適量
沸水 1 杯

醃料
豉油 1 湯匙
鹽 1/2 湯匙，酒 1 茶匙
胡椒粉少許

芡汁料
鹽、生粉各 1/2 茶匙
水 1 湯匙

做法
① 茶葉用沸水泡 10 分鐘，撈起瀝乾，撲上生粉，茶汁留用。
② 三文魚柳切厚片（約 8 片），下醃料醃 20 分鐘。
③ 燒熱油鑊，炒茶葉數遍，鑊洗乾淨再下三文魚柳，用中火煎至金黃色，上碟。
④ 將茶汁下鑊，加入芡汁料煮滾，淋在三文魚片上即成。

香草煎三文魚頭

材料
三文魚頭 1 個
檸檬 1 個

醃料
蒜茸、橄欖油各 2 湯匙
清酒、檸檬汁各 1 湯匙
海鹽、番芫荽碎、刁草碎
各 2 茶匙
黑胡椒粒（舂碎）1/2 茶匙

做法
① 三文魚頭開邊，洗淨；檸檬洗淨，
切片。
② 拌勻蒜茸、海鹽和黑胡椒碎，加入
其他醃料，拌勻。
③ 把醃料抹上三文魚頭，醃 30 分鐘，
燒熱油鑊，煎至呈金黃色，在表面
鋪上檸檬片即可。

豉油皇煎三文魚扒

材料
三文魚扒 400 克
葱（切段）2 條
薑 3 片

調味料
生抽 1.5 茶匙
糖 1/2 茶匙
紹酒、麻油各適量

醃料
薑汁酒 1 湯匙
生抽、老抽各 1.5 茶匙
糖、鹽各 1/2 茶匙

做法
① 三文魚洗淨。與醃料拌勻，醃約
30 分鐘。
② 熱鑊下少許油，將三文魚半煎炸至
硬身並呈金黃色。
③ 爆香薑、葱，下調味料及三文魚回
鑊兜勻。盛起。

蒜香麻辣三文魚

材料
三文魚扒 300 克
牛油、蒜茸各 2 湯匙
紅辣椒絲 1 茶匙

調味料
檸檬汁、麻油各 1 湯匙
辣椒油 1 茶匙
鹽、糖各 1/2 茶匙

做法
① 三文魚扒洗淨，瀝乾水分。
② 燒熱油鑊，爆香蒜茸和紅辣椒絲，加入三文魚扒，煎至兩面呈金黃色，上碟。
③ 牛油用中火煮融，加入調味料，煮滾後淋在三文魚扒表面，即可食用。

黑椒三文魚串

材料
三文魚柳 200 克
紅甜椒 1 個、青瓜 1/2 條
洋葱 1 個、鮮冬菇 40 克

醃料
鹽 1/4 茶匙、糖 1/8 茶匙
黑胡椒碎 1/4 茶匙

調味料
鹽 1/4 茶匙、糖 1/8 茶匙
黑胡椒碎 1/4 茶匙
白酒 20 毫升
檸檬汁 10 毫升
油 1/2 茶匙

做法
① 三文魚柳洗淨，去皮，切成大方粒狀，下醃料醃 15-20 分鐘。
② 將紅甜椒、青瓜、洋葱和鮮冬菇分別洗淨，處理好，切成大小相等的方粒。
③ 用竹籤梅花間竹地串上各種材料，做成串燒，塗上調味料。
④ 燒熱油鑊，將串燒煎至金黃即成。

煎

香辣三文魚

材 料

三文魚扒 300 克

醃 料

鹽 1/2 茶匙，蒜茸 1 茶匙

汁 料

薑茸、蒜茸各 1 茶匙
乾葱茸 1 茶匙
紅辣椒茸 1 茶匙
芫荽莖碎 1 茶匙
茄膏、紅咖喱醬各 2 茶匙
咖喱粉 1 茶匙
椰汁 150 毫升

做 法

① 三文魚扒洗淨，用醃料醃 15 分鐘。
② 燒熱油鑊，爆香薑茸、蒜茸、乾葱茸、紅椒茸及芫荽莖碎後，加入茄膏、紅咖喱醬及咖喱粉炒香，加入椰汁煮至濃稠成咖喱汁，保持熱度備用。
③ 燒熱油鑊，放入三文魚煎至兩面金黃，上碟，以咖喱汁拌食即成。

香檸三文魚

材 料

三文魚柳 300 克
檸檬汁 1 湯匙
雞蛋 1 隻，生粉 1/2 杯

醃 料

鹽 1 茶匙，胡椒粉少許
檸檬汁 3 湯匙

調 味 料

糖 1/2 湯匙，麻油 1 茶匙
米醋 2 湯匙，水 1/4 杯

做 法

① 三文魚柳洗淨，抹乾，切件，用醃料醃好。
② 雞蛋打勻。將魚件沾滿蛋液後撲上生粉，放入適量油煎至金黃，撈起瀝乾油，上碟。
③ 將調味料煮至汁濃，淋在魚件上，灑上檸檬汁即可。

彩椒煎鱔片

材料

黃鱔（去骨）600 克
青、紅、黃甜椒各 1 個
蒜片 1 茶匙
薑 8 片
葱段 1/2 杯
紹興酒適量
生粉水 3 湯匙

醃料

生粉 2 茶匙
檸檬汁 2 茶匙
麻油、胡椒粉各少許

汁料

鮑魚汁 2 湯匙
魚露 2 茶匙
麻油少許
胡椒粉少許

做法

① 青、紅、黃甜椒洗淨，去籽切角。
② 黃鱔洗淨，切大段，瀝乾水分，加醃料醃 15 分鐘。
③ 燒熱油鑊，煎香黃鱔至八成熟，下蒜片和薑片同炒，加入青、紅、黃甜椒同炒，灒酒。
④ 加入汁料炒至濃稠，勾芡，下葱段拌勻即成。

煎

蜜汁煎鱔

材料

白鱔 800 克
蜜糖 3 湯匙

醃料

磨豉醬 1 湯匙
玫瑰露酒、生抽各 1 湯匙
蜜糖 2 湯匙
麻油和胡椒粉各少許
蒜茸 1 茶匙

做法

① 白鱔洗淨，取肉，切片，拌入醃料醃 20 分鐘。
② 燒熱油鑊，將鱔片兩面煎至金黃，將醃料掃於鱔片上，上碟，掃上一層蜜糖，即成。

香辣煎帶魚

材料

帶魚 300 克
薑絲 2 湯匙
蒜茸 1 湯匙
紅辣椒絲 1 茶匙
麵粉適量

醃料

辣椒油、麻油各 1 茶匙
鹽 1/2 茶匙
胡椒粉少許

做法

① 帶魚刮去潺後洗淨，切段，汆水，瀝乾水分，用醃料醃 15 分鐘，在表面抹上適量麵粉。
② 燒熱油鑊，爆香薑絲、蒜茸和紅辣椒絲，加入帶魚，煎至兩面呈金黃色，即可食用。

鹽煎秋刀魚

材料

秋刀魚 2 條
生粉適量

醃料

鹽、胡椒粉各適量

調味料

海鹽少許

做法

① 秋刀魚劏好，洗淨，瀝乾水分，用醃料醃 15 分鐘，在表面抹上適量生粉。

② 燒熱油鑊，把秋刀魚煎至呈兩面金黃色，盛起，瀝乾油分。在表面撒上少許海鹽，即可食用。

煎

檸香秋刀魚

材料

秋刀魚 2 條
葱粒、薑絲各 1 湯匙

醃料

米酒、鹽各 1/2 茶匙
胡椒粉少許

調味料

青檸汁 1 湯匙
生抽 1 茶匙
米酒 1/2 茶匙

做法

① 秋刀魚劏好，洗淨，瀝乾水分，用醃料醃 30 分鐘。

② 燒熱油鑊，爆香葱粒和薑絲，把秋刀魚煎至兩面呈金黃色，加入調味料，拌勻即成。

煎鯪魚餅

材料

鯪魚 1 條
臘腸 1 條
冬菇 1-2 朵
葱 1 條（切粒）

醃料

生粉 1 湯匙
鹽、糖、油各 1 茶匙
胡椒粉適量

做法

① 鯪魚去皮，洗淨，切幼粒，再剁幼。加入醃料，以順時針並大力攪至起膠。

② 臘腸放滾水焯煮 1 分鐘，撈出，趁熱切幼粒。

③ 冬菇放入溫水浸軟，用少許生粉撈勻，放清水洗淨擠乾，切幼粒。

④ 把臘腸粒、冬菇粒、葱粒與鯪魚肉撈勻，放冰箱冷藏 10-15 分鐘。

⑤ 熱鑊下 2-3 湯匙生油，放入鯪魚肉按平，以中火煎至兩面金黃便可。

TIPS

鯪魚肉不能沾上薑或蒜，否則魚肉會容易變霉或鬆散，不夠結實。

檸香椒絲鱈魚扒

材料

銀鱈魚扒 300 克
青、黃甜椒各 20 克
洋葱 1/4 個
蒜茸 1 湯匙
紅辣椒絲 1 茶匙

調味料

檸檬汁 2 湯匙，糖 1 茶
匙，鹽 1/2 茶匙，

做法

① 青、黃甜椒洗淨，去籽切絲；洋葱
　去衣，切絲。
② 銀鱈魚扒洗淨，瀝乾水分，下油鑊
　煎至兩面呈金黃色，盛起。
③ 燒熱油鑊，爆香洋葱絲、蒜茸和
　紅辣椒絲，加入青、黃甜椒和調
　味料，煮熟，淋在銀鱈魚扒表面，
　即可食用。

煎

生煎鱠魚

材料

鱠魚 2 條（約 300 克）
蒜茸 1 湯匙
葱茸、薑絲各 2 茶匙

醃料

生抽適量，薑絲、米酒各
1 湯匙，老抽、蠔油各 1
湯匙，鹽 1/4 茶匙，糖 2
茶匙，胡椒粉 1/4 茶匙，
水 1/2 杯

汁料

生粉 1 湯匙
水、麻油各 2 茶匙

做法

① 鱠魚劏洗淨，瀝乾，魚身剠十字，
　加入醃料醃 20 分鐘，醃汁留用。
② 燒熱油鑊，中火煎鱠魚至兩面
　金黃。
③ 原鑊炒香蒜茸、薑絲和一半的葱
　茸，煮滾醃汁，鱠魚回鑊，慢火煮
　2 分鐘，盛起，汁留鑊中。
④ 加汁料煮濃，澆上鱠魚，撒其餘
　葱茸即可。

石斑翡翠苗卷

材料

石斑肉 200 克
西洋菜 20 克
蒜茸 1/2 茶匙
鹽適量

醃料

鹽 1/3 茶匙
薑汁少許
糖 1/3 茶匙

做法

① 石斑肉洗淨，順直紋片薄，用醃料醃約 10 分鐘；西洋菜洗淨，待用。
② 燒熱油鑊，爆香蒜茸，下西洋菜炒至半熟，加鹽調味，盛起。
③ 將西洋菜放在石斑魚片上，捲起魚片，用牙籤固定。下油鑊，煎石斑卷至熟。

香煎石斑

材料

石斑 750 克
青、紅椒各 1 個

醃料

鹽 1/4 茶匙
米酒 1 茶匙

調味料

葱茸 1 湯匙
薑茸 1 湯匙
辣椒茸、蒜茸各適量
蠔油、上湯各適量

做法

① 將石斑洗淨，剐上十字花刀，用醃料醃 2 小時。
② 青、紅椒去蒂，去籽，切圈。
③ 燒熱油鑊，下石斑以小火煎至兩面金黃，放入乾辣椒茸、薑茸、蒜茸、青紅椒圈、蠔油煮至入味，再加入上湯，以旺火收濃湯汁，撒上葱茸即可。

煎封黃花魚

材料
黃花魚 1 條
葱 1 條（切粒）

醃料
鹽、生粉各 1 茶匙
紹興酒 1 茶匙
胡椒粉少許

芡汁料
生粉 2 茶匙
糖 1 茶匙
老抽 1/2 茶匙
鹽 1/4 茶匙
清水 1/3 杯

做法
① 魚洗淨，用布抹乾水分，加入醃料抹勻全魚，醃 5 分鐘。
② 鑊用慢火燒熱，下 1-2 湯匙油搪勻，放入魚以中慢火煎至兩面金黃，盛起。
③ 原鑊下 1 茶匙油，放入芡汁料煮至濃稠，期間要用鑊鏟不斷打轉，避免黏底。
④ 芡汁料加入葱粒稍煮滾，淋在魚上，便可。

肉茸煎鯽魚

材料

鯽魚 480 克
薑茸、葱茸各 1 湯匙
紅辣椒碎 1/2 湯匙
鹽、胡椒粉各少許

調味料

鹽、糖各 1/2 茶匙
生抽 1 湯匙
酒釀 2 湯匙
麻油各少許

做法

① 鯽魚去鱗，劏淨，在魚身的兩面各斜切三刀，用少許鹽和胡椒粉擦勻魚身。
② 燒熱油鑊，爆香薑茸、葱茸，將鯽魚煎至兩面金黃。
③ 加入其他材料和調味料，煮滾即成。

香煎鱸魚

材料

鱸魚 1 條

調味料

鹽 1 茶匙
薑茸 1 茶匙

做法

① 鱸魚去鱗，劏淨，瀝乾水分，用醃料均勻地抹在魚身上醃 30 分鐘，瀝乾汁液。
② 燒熱油鑊，下鱸魚以大火煎 2 分鐘，再用慢火煎至金黃色即可。

蒜香龍脷柳

材料

龍脷柳 400 克
蒜茸 2 湯匙
麵粉、牛油各 1/2 湯匙

醃料

鹽 1/2 茶匙，胡椒粉少許

芡汁料

酒 1 茶匙，生抽 1 茶匙
糖 1/4 茶匙，鹽 1/2 茶匙
胡椒粉少許

做法

① 龍脷柳沖淨，抹乾，以醃料塗勻，待 5 分鐘，薄薄沾上一層麵粉。
② 燒熱牛油，下龍脷柳煎至金黃，上碟。
③ 燒熱油鑊，爆香蒜茸，下芡汁料煮滾，淋於龍脷柳上即成。

煎

白飯魚粟米粒煎蛋

材料

白飯魚 100 克
雞蛋 4 隻
粟米粒 1/2 杯
洋葱 1/2 個
葱茸 1 湯匙

調味料

鹽 1/2 茶匙
生抽 1/2 茶匙
胡椒粉少許

做法

① 白飯魚洗淨，瀝乾；洋葱切粒。
② 雞蛋加調味料打勻，加入白飯魚、粟米粒、洋葱粒和葱茸，拌勻。
③ 燒熱油鑊，下蛋漿煎至兩面金黃，切件即可。

TIPS

煎蛋前要確保油鑊已燒至高溫，煎熟雞蛋後也應儘快盛起，否則白飯魚烹煮過度，會滲出水分，影響口感。

鵝肝醬煎扇貝

材料

鮮扇貝肉 6 隻
鵝肝 3 片
葱 100 克
薑 20 克

調味料

鹽 1/2 茶匙
糖 1/4 茶匙
生粉 1 茶匙
酒 1/4 茶匙

做法

① 葱、薑分別洗淨，葱切粒，薑切茸。
② 扇貝肉洗淨，汆水，加入冰水中急速冷卻，瀝乾，加入葱粒、薑茸和調味料醃約 10 分鐘。
③ 燒熱油鑊，下扇貝煎至兩面金黃，上碟。
④ 鵝肝下油鑊略煎，放於扇貝上，即可。

翠醬汁雙色煎扇貝

材料

鮮扇貝 4 隻
德國香腸 1 條
蒜片 1 茶匙
核桃肉 5 粒
牛油 1 茶匙

汁料

芝士粉 2 茶匙
青檸檬汁 1/2 茶匙
鹽 1/2 茶匙
胡椒粉少許

做法

① 扇貝去殼，去內臟，洗淨。
② 核桃肉加入汁料，以攪拌機打成翠醬汁。
③ 燒熱油鑊，下德國香腸用小火煎熟，瀝油，切成薄片，排在碟上。
④ 再燒熱油鑊，煮融牛油後煎香蒜片，用慢火煎扇貝至兩面金黃，排在德國香腸上，淋上翠醬汁即成。

五味煎蟹

材料

蟹 4 隻（約 1250 克）
青豆 20 克，麵粉 1/2 杯
薑茸、蒜茸各 1 茶匙
葱碎 1 茶匙
麻油少許

調味料

茄汁 2 湯匙，鹽 1/2 茶匙
辣椒油 1/4 茶匙
生抽、米酒各 1/2 茶匙
醋、糖各 1/4 茶匙

做法

① 蟹劏淨，每隻切成 8 塊，撒上乾麵粉，下油鑊中煎至七成熟，加薑茸、蒜茸、葱碎同煎。
② 再加入調味料和青豆煮滾，淋上麻油即可。

京汁燒明蝦

材料
中蝦 320 克
生粉、葱茸各 1 湯匙
蒜茸、薑茸各 1 茶匙

醃料
鹽 1/2 茶匙、胡椒粉少許

芡汁料
生粉水、糖各 1 湯匙
日式燒汁、茄汁各 1 湯匙
生抽 1/2 湯匙
豆瓣醬 1/2 茶匙

做法
① 蝦洗淨，瀝乾水分；去腳去鬚，挑去黑腸。用醃料醃 10 分鐘，均勻抹上生粉。
② 燒熱鑊，下油把蝦煎至兩面呈金黃色，盛起。
③ 再燒熱鑊，下油爆香蒜茸、薑茸和葱茸，加入蝦和芡汁料，拌勻即成。

水
產
類
蝦

香煎蝦餅

材料
蝦仁 300 克
馬蹄 3 粒
葱茸 1 湯匙
青瓜 8 片
鹽、生粉各少許

醃料
鹽 1/2 茶匙
蛋白 1 湯匙
生粉 2 湯匙
麻油及胡椒粉各少許

做法
① 馬蹄去皮，洗淨，切碎。
② 蝦仁用鹽和生粉搓洗，沖水多次，抹乾，用刀拍成茸，拌入醃料，打成蝦膠，拌入馬蹄碎和葱茸再拌勻，放雪櫃中冷藏 30 分鐘。取出，分為 8 等份，捏成餅形。
③ 燒熱油鑊，將蝦餅煎至兩面金黃色及熟透，伴以青瓜片即成。

茄汁煎蝦碌 經典

材料

明蝦 400 克
上湯 100 毫升
葱茸 1 湯匙
薑茸、蒜茸各 1 茶匙
青豆 1 湯匙
米酒 1 茶匙

調味料

鹽、糖各 1/4 茶匙
茄汁 1 湯匙
胡椒粉各少許

芡汁料

生粉 1 湯匙
水 2 湯匙

做法

① 明蝦剪去腳和鬚，挑去蝦腸，洗淨，瀝乾水分。

② 燒熱油鑊，下明蝦煎至兩面呈紅色時，加入葱茸、薑茸、蒜茸及青豆，灒酒，注入上湯，下調味料，勾芡，拌勻便成。

煎

生煎明蝦

材料
鮮大明蝦 300 克，葱茸 1 湯匙，薑茸、蒜茸各 1 茶匙，芫荽碎 1 茶匙

調味料
生抽 1/2 茶匙，糖 1/4 茶匙，米酒、桔汁各 1/2 茶匙，上湯 50 毫升

芡汁料
生粉 1 湯匙，水 2 湯匙

做法
① 明蝦剪去腳和鬚，挑去蝦腸，洗淨。
② 燒熱油鑊，下明蝦泡油，盛起，瀝油。
③ 明蝦再下油鑊，煎至兩面金黃，加入葱茸、薑茸、蒜茸翻炒片刻，再加調味料煮滾，勾薄芡，撒上芫荽碎即可。

水
產
類
蝦

鐵板明蝦

材料
大蝦 450 克，蒜茸 1 湯匙，唐芹粒、紅椒粒各 1 湯匙

調味料
茄汁 1 湯匙，豆瓣醬 2 茶匙，糖 1/2 茶匙，鹽 1/4 茶匙，白醋 1 茶匙，米酒 1/2 茶匙，水 1/2 杯

芡汁料
生粉 1 湯匙，水 2 湯匙

做法
① 蝦洗淨，去殼，挑去蝦腸，瀝乾水分，汆水，再瀝乾水分。燒熱鐵板。
② 燒熱油鑊，爆香蒜茸、唐芹粒、紅椒粒，加入茄汁和豆瓣醬，灒米酒，把蝦放入煮片刻，加入其他調味料，勾芡，倒入燒熱的鐵板上，即成。

乾煎蝦碌

材料
鮮大明蝦 640 克
葱 1 條，薑 2 片

醃料
鹽 3/4 茶匙，蛋白 1 茶匙
胡椒粉、麻油各少許

調味料
辣醬油 1 茶匙
鹽、糖各 1/2 茶匙
胡椒粉、麻油各少許
雞湯 1/4 杯

做法
① 大蝦剪去腳和蝦鬚、蝦槍，挖出頭部的沙囊，取出黑腸，洗淨，切成兩段。瀝乾水，用醃料略醃。
② 葱、薑切成長絲。把調味料調成汁。
③ 燒熱鑊，鑊注入油，待油熱時把蝦段倒入，半煎炸，鑊要來回轉動，一面煎好，再煎另一面；待蝦煎透，把鑊裏的油潷出來，放葱、薑，把調好的汁攪勻倒入鑊，用手勺把蝦推動，鑊要來回翻動，使汁全部沾在蝦上即成。

鍋貼明蝦

材料
明蝦肉、肥豬肉各 160 克
炸核桃末及火腿茸各 1 湯匙
芫荽葉數片、乾粟粉適量

醃料（a）
玫瑰酒 1 湯匙
生抽 1 茶匙，味精少許

醃料（b）
蛋白 1 隻，鹽 1/4 茶匙
粟粉 2 茶匙
糖、胡椒粉各少許

做法
① 將肥肉和蝦肉切 3 毫米厚，分別盛入碗內。肥肉加入（a）料拌勻醃透，蝦肉加入（b）料拌和待用。
② 案板上撒上乾粟粉，攤上肥肉，中間放上一撮核桃末，疊上明蝦片，撒上乾粟粉，四邊捏牢，排放在碟中，在蝦面的一邊貼一片芫荽葉，另一邊放一撮火腿茸。
③ 燒熱油鑊，將（2）排入鑊內，肥肉向鑊，煎至呈金黃色時，瀝乾，用刀修整即可上碟。

煎

雜果香芒蝦球

水產類 蝦

材料

海中蝦 450 克
芒果 1/2 個（切粒）
草莓 3-4 粒（切粒）
生粉 50 克

醃料

蛋白 1/2 隻
檸檬汁 1/4 個
生粉、油各 1 茶匙
鹽、糖各 1/2 茶匙
胡椒粉少許

雜果汁料

橙汁 1/2 杯
芒果汁 1/2 杯
檸檬汁 1 茶匙
糖 3 湯匙
吉士粉 2 茶匙

做法

① 海蝦去殼留尾，挑去蝦腸，洗淨，抹乾，並在蝦中間剮一刀，蝦尾穿過中間。

② 把醃料拌勻，放入海蝦撈勻，醃 2-3 分鐘，取出瀝乾，沾上生粉。

③ 熱鑊下適量生油，待燒至八成滾，放入海蝦以中火半煎炸，直至蝦熟，取出瀝油。

④ 把雜果汁料放小鍋內煮滾至濃稠，熄火，再放入草莓粒和芒果粒拌勻，伴炸蝦球上桌。

煎釀明蝦

材料

明蝦 640 克
半肥瘦豬肉 120 克
蝦肉 160 克
麵包糠適量
青豆適量

醃料

蛋白 2 隻
粟粉 2 湯匙

做法

① 半肥瘦豬肉及蝦肉分別剁爛，加醃料同拌成餡料。
② 將每隻明蝦剪淨，從肚部切開成兩邊（但不可切斷），用粟粉塗勻肚內，釀入餡料，放下青豆，抹上蛋白，拍上麵包糠。
③ 武火起鑊，文火半煎炸明蝦至金黃色，熟後撈起去油。上碟即成。

大良煎蝦餅

材料

蝦仁 160 克
雞蛋 6 隻
鹽少許

做法

① 蝦仁用鹽醃一會，用水沖洗過，用潔布抹乾水分，入油鑊泡油。
② 雞蛋打開，用力打勻，下鹽、蝦仁攪勻，起油鑊，將雞蛋液倒下，慢火煎至兩面皆呈金黃色即成。

蒜香豉油王煎蝦

材料

大蝦 10 隻
蒜茸 2 湯匙
洋葱粒 1 湯匙

醃料

魚露 1 茶匙、鹽、糖各
1/2 茶匙、胡椒粉少許

調味料

水 3 湯匙、生抽、老抽各
1 湯匙、米酒 1 茶匙、糖
1/2 茶匙、胡椒粉少許

做法

① 大蝦在背部直切一刀，去腸，洗淨，瀝乾水分，用醃料醃 30 分鐘。
② 燒熱油鑊，爆香蒜茸和洋葱粒，加入大蝦略煎，加入調味料，煎至乾身即成。

蠔仔烙

材料

新鮮蠔仔 500 克
雞蛋 4 隻、葱茸 1 湯匙
芫荽碎 1 湯匙
魚露 1 茶匙
生粉適量

粉漿料

麵粉 2 湯匙、水 3 湯匙

蘸汁

魚露 1 湯匙、胡椒粉少許

做法

① 新鮮蠔仔以生粉搓洗淨，瀝乾。
② 調勻粉漿，放入蠔仔、葱茸、魚露，拌勻。
③ 燒熱油鑊，加入蠔仔粉漿，抹平。雞蛋直接打散，淋在上面，煎至兩面酥脆金黃即可上碟，撒上芫荽碎，蘸汁拌勻伴食。

水產類 蝦 蠔

小白菜煎蠔餅

材料

蠔仔 120 克
小白菜 20 克
雞蛋 2 隻
水 3/4 杯
番薯粉 5 湯匙
生粉 4 湯匙
鹽適量

調味料

甜辣醬、水各 5 湯匙
生抽、糖各 2 湯匙
麻油 1 湯匙

做法

① 蠔仔用鹽搓洗乾淨，汆水，瀝乾
水分。
② 小白菜洗淨，切段；雞蛋打勻。
③ 將番薯粉、生粉、調味料拌勻成
粉漿。
④ 燒熱油鑊，把蠔仔煎至半熟，加入
粉漿，用中火煎 2 分鐘，加入雞
蛋和小白菜，煎熟後在表面淋上調
味料。

煎

韭黃煎生蠔

材料

生蠔 250 克
雞蛋 2 隻
韭黃 50 克
生粉適量

調味料

米酒 1/2 茶匙
鹽 1/4 茶匙
麻油少許

做法

① 生蠔以生粉搓洗乾淨，汆水後瀝
乾。
② 韭黃洗淨，切段；雞蛋打勻成蛋液。
③ 燒熱油鑊，將生蠔蘸上蛋液，下鑊
煎至兩面金黃，加入鹽、米酒和韭
黃迅速翻炒，熟透，
④ 淋上麻油即可。

豆瓣醬炒冬瓜

材 料

冬瓜 300 克
豆瓣醬 1 湯匙
嫩薑絲 2 湯匙

調 味 料

鹽 1/2 茶匙
糖 1/4 茶匙
麻油、胡椒粉各少許
水 1 杯

做 法

① 冬瓜去皮和籽，切塊。
② 燒熱油鑊，爆香薑絲、豆瓣醬，再加入冬瓜，下調味料，加蓋煮至冬瓜腍軟，即可。

冬菜蝦米炒絲瓜

材料

絲瓜（勝瓜）2 條
冬菜、蝦米各 1 湯匙
葱茸、蒜茸各 1 湯匙

調味料

鹽 1/2 茶匙、糖 1/4 茶
匙、麻油少許、水 1/2 杯

芡汁料

生粉 1/2 茶匙
水 2 湯匙

做法

① 絲瓜洗淨，刨去硬角，切滾刀塊。
② 冬菜、蝦米分別用水浸泡，瀝乾
　水分。
③ 起油鑊，爆香葱茸、蒜茸，下絲瓜
　略炒，加入蝦米、冬菜炒一會，加
　調味料，勾芡，即成。

勝瓜炒蝦仁

材料

絲瓜 640 克
中蝦仁 160 克
雲耳 80 克
洋葱 120 克

醃料

生抽、生粉各 1/2 茶匙

調味料

生抽 1 茶匙、糖 1/4 茶
匙、鹽、生粉、花雕酒各
1/2 茶匙、上湯 1/2 杯

做法

① 雲耳浸軟，切小朵;洋葱去衣切角。
② 絲瓜洗淨，刨去硬角，切角。
③ 蝦肉洗淨，吸乾水分，用醃料略
　醃，泡嫩油，盛起，瀝油。
④ 燒熱油鑊，爆香洋葱，加入雲耳和
　上湯 2 湯匙略煮，加入絲瓜同炒，
　灒花雕酒拌炒至八成熟時加入蝦
　肉，加入餘下上湯和調味料，拌勻
　即成。

炒

勝瓜雲耳炒魚片

材料

絲瓜（勝瓜）650 克
雲耳 80 克
洋葱 1 個
鯇魚片 160 克

調味料

鹽 1 茶匙、生抽 1 茶匙、
糖 1/2 茶匙、生粉 1 茶
匙、米酒 1/2 茶匙、上湯
1/2 杯

做法

① 鯇魚片洗淨，瀝乾，用生粉和生抽
　略醃。
② 絲瓜洗淨，刨去硬角，切角；雲耳
　浸軟，洗淨；洋葱洗淨，去衣切角。
③ 燒熱油鑊，將鯇魚片泡油至熟，
　盛起。
④ 再爆香洋葱，加入雲耳和絲瓜同
　炒，灒酒，炒至八成熟時才加入
　鯇魚片，加入上湯和調味料拌勻，
　即成。

勝瓜炒豬頸肉

材料

豬頸肉 320 克
絲瓜（勝瓜）1 條
薑絲 1 茶匙
米酒 1 湯匙

醃料

薑汁酒 1 湯匙
生粉水 1/2 湯匙

調味料

生抽 1/2 湯匙、鹽 1/4
茶匙、糖 1/2 茶匙

做法

① 豬頸肉洗淨，切厚片，用醃料略
　醃，汆水，瀝乾水分。
② 絲瓜洗淨，刨去硬角，切塊。
③ 燒熱油鑊，爆香薑絲，放入絲瓜，
　灒酒，炒透，再加入豬頸肉片和調
　味料，炒至熟透，即可。

蒜茸豆豉炒涼瓜

材 料

涼瓜 480 克
紅辣椒絲 1 茶匙
蒜茸、豆豉各 2 茶匙
薑茸 1 茶匙
葱茸 1 湯匙
磨豉醬 1/2 茶匙
豆瓣醬 1/4 茶匙
鹽少許

調 味 料

水 3 湯匙
生抽 1/2 湯匙
糖 1 茶匙
麻油 1/2 茶匙
生粉 1/2 茶匙

做 法

① 涼瓜洗淨，開邊，去籽，切薄片，
　用少許鹽略醃，汆水，瀝乾水分。
② 燒熱油鑊，爆香蒜茸、豆豉，加入
　其餘材料，與涼瓜片同炒勻，加調
　味料炒勻即成。

涼瓜蝦仁炒蛋

材料
雞蛋 4 隻
涼瓜 2 個
蝦仁 160 克
蒜茸 1 茶匙

調味料
鹽 1/2 茶匙

做法
① 涼瓜洗淨，去籽，切薄片，汆水，瀝乾水分。
② 蝦仁洗淨，汆水，瀝乾水分；雞蛋打勻。
③ 燒熱油鑊，爆香蒜茸，將涼瓜片、蝦仁炒勻，下鹽調味，倒入蛋液，炒勻即可。

涼瓜炒牛肉 經典

材料
牛肉 240 克
涼瓜 320 克
蒜片 1 茶匙

醃料
生抽 1 茶匙
薑汁酒、生粉各 1 茶匙

調味料
鹽 1/2 茶匙、糖 1/4 茶匙、胡椒粉、麻油各少許

做法
① 牛肉洗淨，切片，用醃料醃 15 分鐘。
② 涼瓜洗淨，開邊，去籽，切斜片，用少許鹽略醃。
③ 起油鑊，爆香蒜片，下牛肉略炒，盛起。
④ 再起油鑊，加入涼瓜片略炒，牛肉回鑊，下調味料炒勻，上碟。

蒜豉涼瓜炒排骨

材料

排骨 300 克
涼瓜 450 克
豆豉醬 2 湯匙
油 3 湯匙
蔥段、蒜茸各 2 湯匙

醃料

生抽 2 茶匙、米酒 1 茶匙
生粉 1/2 茶匙

調味料

糖 1 茶匙、鹽 1/2 茶匙

做法

① 排骨斬件，洗淨，瀝乾，拌以醃料。
② 涼瓜洗淨，去籽，切薄片。
③ 燒熱油鑊，下油爆香豆豉醬，加入
　 排骨同炒透，加少許水煮 5 分鐘，
　 盛起。
④ 下油爆香蒜茸，加入涼瓜片炒勻，
　 下調味料，排骨連汁回鑊，加入蔥
　 段炒勻，即成。

涼瓜炒肉片

材料

苦瓜（涼瓜）600 克
豬瘦肉 200 克
薑絲、蔥粒各 1 湯匙
蒜茸、豆豉各 1 湯匙
鹽適量

調味料

生抽 1 茶匙
豆瓣醬、糖各 1/2 茶匙
鹽 1/4 茶匙
胡椒粉、麻油各少許

做法

① 豬瘦肉洗淨，切片，汆水，瀝乾水
　 分。
② 苦瓜洗淨，去瓤，切片，在表面抹
　 上適量鹽，置 5 分鐘後沖水待用。
③ 燒熱油鑊，爆香薑絲、蔥粒、蒜茸
　 和豆豉，加入肉片略炒，加入苦
　 瓜片，炒熟後加入調味料，拌勻即
　 成。

鮑魚菇豆苗炒蝦仁

材料

鮑魚菇 160 克
豆苗 240 克
蝦仁 160 克
辣椒絲、蒜茸各 1 茶匙
薑茸、紹酒各 1 茶匙

醃料

鹽 1/4 茶匙、生粉 1/2
茶匙、胡椒粉少許

芡汁料

生抽 1/2 茶匙、糖 1/4 茶匙、胡椒粉、
麻油各少許、生粉 1/2 茶匙
水 2 湯匙

做法

① 鮑魚菇和豆苗洗淨後，用鹽水汆
　水，過冷河。
② 蝦仁洗淨，剝開背部，挑去蝦腸，
　用醃料醃片刻，泡油。
③ 起油鑊，爆香蒜茸、薑茸和辣椒
　絲，放入鮑魚菇，炒勻，加入豆苗
　和蝦仁快炒，潽酒，勾芡，即成。

雜菌炒豆苗

材料

豆苗 300 克
冬菇、草菇各 80 克
蘑菇 80 克
蒜茸 1 湯匙
薑絲 1 茶匙

調味料

生抽、紹酒各 1 湯匙
鹽、砂糖各 1/2 茶匙
胡椒粉少許

做法

① 所有材料洗淨；冬菇、草菇、蘑菇
　切半。
② 燒熱油鑊，爆香蒜茸和薑絲，加入
　冬菇、草菇和蘑菇略炒，盛起。
③ 把豆苗炒至軟身，加入冬菇、草
　菇、蘑菇和調味料，拌勻即成。

蒜茸椒絲炒生菜 素

材料
唐生菜 400 克
蒜茸 6 粒
紅辣椒 1 隻

調味料
鹽 3/4 茶匙
糖 1/2 茶匙

做法
① 唐生菜洗淨，切去根部，每棵直切兩半或四份備用。
② 紅辣椒洗淨，去籽，切絲。
③ 燒熱鑊，下油約 1/2 湯匙，爆香蒜茸和紅辣椒，下生菜拌勻，加入調味料拌勻即可上碟。

TIPS

生菜不可炒太久，否則會變黑和太稔，而且會黏在一起。

炒

XO 醬翡翠芙蓉

材 料

西生菜 300 克
蛋白 4 隻

調 味 料

鮮奶 1/2 杯
XO 醬 2 湯匙
生粉、油各 1 湯匙
鹽、糖各 1 湯匙

做 法

① 生菜洗淨，撕成小片，用沸水煮熟，盛起，瀝乾水分。
② 拌勻蛋白和調味料；燒熱油鑊，用 2 湯匙油炒至剛熟，鋪在生菜上，即可食用。

蔬果類生菜椰菜

蒜茸蠔油生菜

材 料

生菜 500 克
蒜頭 4 瓣
油 1 茶匙

調 味 料

蠔油 2 湯匙
砂糖 1 茶匙

做 法

① 蒜頭剁成蒜茸。
② 生菜洗淨，燒一鍋水，水量以浸過生菜為好，水滾後放進生菜，放 1 小茶匙油，把生菜灼熟，撈起瀝乾水分，上碟。
③ 熱鑊燒油，爆香蒜茸。
④ 倒進蠔油，加糖，炒勻，熄火；把爆香的蒜茸蠔油淋在生菜上，拌勻即可。

蝦乾炒椰菜

材料

椰菜 400 克
蝦乾 20 克
蒜茸 1 湯匙
薑絲 1 茶匙

調味料

鹽 1/2 茶匙
胡椒粉少許

做法

① 椰菜洗淨，切塊；蝦乾用 1/2 量杯水浸 30 分鐘，水留起待用。
② 燒熱油鑊，爆香蒜茸、薑絲和蝦乾，加入椰菜和浸蝦水，炒熟後加入調味料，拌勻。

糖醋椰菜 素

材料

椰菜 300 克
紅辣椒（切茸）1 隻
蒜茸、薑茸各 1 茶匙
紅辣椒乾粒 1 茶匙

調味料

鹽 1/4 茶匙
糖 1/2 茶匙
陳醋 1 茶匙

做法

① 椰菜洗淨，切塊。
② 燒熱油鑊，爆香紅辣椒乾粒、紅辣椒茸、蒜茸、薑茸，下椰菜炒至變色，加入少許水，加蓋煮 3 分鐘，下調味料炒勻，即成。

豆豉鯪魚炒油麥菜

材料

油麥菜 500 克
豆豉鯪魚 1 罐
紅甜椒 1 個
蒜茸 1 湯匙

調味料

米酒 1 茶匙
麻油少許

芡汁料

生粉 1/2 茶匙
水 2 湯匙

做法

① 油麥菜洗淨，切段，瀝乾水分。
② 紅甜椒洗淨，去籽切件。
③ 熱鑊下油，爆香蒜茸，下油麥菜炒勻，加入豆豉鯪魚（連汁），灒酒，煮至油麥菜變軟，加入紅甜椒略炒，勾芡，淋麻油即可。

椒絲腐乳通菜

材料

通菜 500 克
腐乳 2 件
紅辣椒絲 1 湯匙
蒜茸 1 茶匙

調味料

鹽 1/2 茶匙

做法

① 通菜摘去老段，洗淨，瀝乾水分。
② 起油鑊，爆香蒜茸、腐乳，下通菜略炒，加入調味料和紅辣椒絲拌勻即可。

西蘭花炒帶子

材料

帶子 8 粒
西蘭花 1 棵
薑 3 片

醃料

生粉 1/2 茶匙
米酒 1/4 茶匙
鹽 1/2 茶匙

調味料

鹽 1/2 茶匙
糖 1/4 茶匙
生粉 1/2 茶匙
胡椒粉適量
麻油適量

芡汁料

生粉 1/2 茶匙
水 2 湯匙

做法

① 帶子洗淨，瀝乾水分，下醃料醃 20 分鐘。

② 西蘭花洗淨，切成小朵，汆水，瀝乾。

③ 燒熱油鑊，爆香薑片，下帶子和西蘭花迅速翻炒，下調味料後勾芡，即可。

西蘭花炒土魷

材料

西蘭花 300 克
魷魚乾 150 克
薑片、葱段各 1 湯匙
蒜茸 1 湯匙
紅甜椒 1 個
韭黃 20 克
鹽、米酒各 1 茶匙

調味料

生抽 1/2 茶匙
糖 1/4 茶匙
蠔油 1 茶匙
麻油、胡椒粉各少許

做法

① 西蘭花洗淨，切小朵；紅甜椒去籽，切角；韭黃洗淨，切段。

② 魷魚乾用水浸泡 2 小時，洗淨，縱橫切成魷魚花。

③ 分別將西蘭花、魷魚花汆水，燒熱油鑊，下西蘭花和鹽略炒，上碟圍邊，盛碟。

④ 再燒鑊下油，將薑片、葱段、蒜茸、韭黃、紅甜椒爆香，加入魷魚花，濽酒，下調味料，勾芡，放於西蘭花上即可。

蔬果類 西蘭花

豆瓣醬炒西蘭花

材料

西蘭花 1 棵
豆瓣醬 1 湯匙
雞粉 1 茶匙

做法

① 西蘭花切成小塊，先用滾水灼熟，撈出用冷水泡 1 分鐘。

② 熱鑊燒油，把西蘭花爆炒約 30 秒到 1 分鐘，加入豆瓣醬和雞粉繼續拌炒，等調味料均勻地分佈在西蘭花上後，就可離鑊上碟。

西蘭花炒雙菇

材料
西蘭花 1 棵
金菇、草菇各 200 克
蒜茸 1 茶匙
紅辣椒絲適量

調味料
生抽 1 茶匙
糖、鹽各 1/2 茶匙
胡椒粉、麻油各少許

做法
① 所有材料洗淨；西蘭花切細朵，用滾水煮熟；金菇切去根部。
② 燒熱油鑊，爆香蒜茸，加入西蘭花、金菇和草菇，炒至熟透，加入調味料和紅辣椒絲，拌勻即成。

紅蘿蔔煙肉炒西蘭花

材料
紅蘿蔔（小）1 個
西蘭花 1 棵
煙肉 2 片
米酒適量

做法
① 西蘭花洗淨，切小朵。紅蘿蔔切小塊，煙肉切片。
② 熱鑊加油少許，放入紅蘿蔔炒至八成熟。
③ 加入西蘭花轉大火快炒，灒少許水，以大火不停翻炒約 1 分鐘。加入少許鹽，最後放煙肉炒熟，灒酒，熄火，上碟。

豆腐乾炒韭菜 素

材 料

韭菜 200 克
豆腐乾 200 克
蒜茸 1 茶匙

調 味 料

生抽 1/2 茶匙
鹽 1/2 茶匙
麻油少許

做 法

① 豆腐乾洗淨，切幼絲。
② 韭菜洗淨，瀝乾，切段。
③ 燒熱油鑊，爆香蒜茸，加入豆腐乾絲炒至金黃，盛起。
④ 鑊中燒熱餘油，下韭菜略炒，下調味料炒勻，加入豆乾絲，淋麻油，即成。

韭菜鳳尾蝦

材 料

大蝦 12 隻
韭菜 80 克
水 1 杯、薑 2 片

醃 料

鹽 1/2 茶匙、米酒 1 茶匙
胡椒粉少許

芡 汁 料

水 1/2 杯、鹽 1 茶匙
生粉 1 茶匙、糖 1/4 茶匙
胡椒粉、油各少許

做 法

① 蝦去殼，留尾部，挑去蝦腸，洗淨，切雙飛，用醃料略醃，泡油，盛起。
② 韭菜洗淨，切段，加水 1 杯以攪拌機打成菜汁，過濾後成韭菜汁。
③ 燒熱油鑊，爆香薑片後棄掉，加芡汁料及韭菜汁，煮至濃稠，拌入鳳尾蝦，炒勻即可。

素菜竹笙扒菜膽

材料

上海白菜 250 克，竹笙 20 條，冬菇 8 朵，蒜茸 3 粒量，薑 3 片，雞湯 3/4 杯

調味料

鹽 1/2 茶匙，糖 1/4 茶匙

芡汁料

蠔油 2 茶匙，生粉 1 茶匙，水 4 湯匙

做法

① 竹笙浸軟，剪去頭尾。冬菇洗淨，去蒂。把竹笙和冬菇汆水，瀝乾水分。

② 上海白菜洗淨，摘去老葉，切成菜膽備用。

③ 燒熱鑊，下油約 1/2 湯匙，爆香蒜茸，放入 1/2 份雞湯，焯熟菜膽盛起備用。

④ 再燒熱鑊，下油約 1/2 湯匙，爆香薑片，下竹笙和冬菇拌勻，加入餘下雞湯煮約 5 分鐘。加上芡汁煮至汁稍濃，排放在菜膽上即可。

炒

松子菠菜 素

材 料

菠菜 300 克
松子 50 克
蒜茸 1 茶匙

調 味 料

鹽 1/2 茶匙
胡椒粉少許

做 法

① 菠菜洗淨，切去根部，切長段。
② 燒熱油鑊，爆香蒜茸，用中火炒香
松子及至金黃，盛起待用。
③ 把菠菜快炒，下調味料炒勻，上
碟，鋪上炒香松子即可。

淮山杞子炒菠菜 素

材 料

菠菜 300 克
鮮淮山 70 克
杞子 1 茶匙
薑 3 片

調 味 料

鹽 1/2 茶匙
糖 1/4 茶匙
水 2 茶匙

做 法

① 菠菜洗淨，切去根部，切長段。
② 鮮淮山去皮，切條，浸泡水中；杞
子洗淨，泡軟，瀝乾水分。
③ 燒熱油鑊，爆香薑片，加入菠菜、
淮山和杞子炒至材料軟身，加入所
有調味料炒勻，即可。

雪耳炒菠菜

材料
菠菜 300 克
雪耳 20 克
薑 2 片
葱粒、蒜茸各 1 湯匙

調味料
鹽 1/2 茶匙

做法
① 菠菜洗淨，切去根部，切段；雪耳浸軟，去蒂，洗淨後撕成小塊。
② 燒熱油鑊，爆香薑片、蒜茸和葱粒，加入菠菜和雪耳，炒至熟透，下鹽調味即成。

菠菜炒牛肉

材料
菠菜 400 克
牛肉 200 克
薑絲、蒜茸各 1 湯匙
紅辣椒絲適量

調味料
生抽 1 茶匙
鹽 1/2 茶匙
麻油、胡椒粉各少許

做法
① 菠菜洗淨，切去根部；牛肉洗淨，切片。
② 爆香薑絲和蒜茸，加入牛肉，略炒後盛起待用。
③ 把菠菜炒至軟身，加入牛肉，炒勻後加入紅辣椒絲和調味料，即可食用。

菜心炒魚塊

材 料

菜心 200 克
魚柳 2 條
薑 2 片
米酒 2 茶匙

醃 料

蛋白 1/2 隻
酒 1 茶匙
生粉 1 茶匙
胡椒粉 1/2 茶匙
雞粉 1/2 茶匙

調味料

鹽 1/2 茶匙
糖 1/3 茶匙

做 法

① 魚柳洗淨，切成魚塊，瀝乾水分，加入醃料拌勻，醃約 15 分鐘。
② 菜心棄掉老葉，洗淨，切段。
③ 燒熱鑊，下油約 1 碗，待油燒滾後下魚塊走油至 7 成熟，取出並用廚房紙稍吸去油分。
④ 再燒熱鑊，下油約 1/2 湯匙，爆香薑片，下菜心略炒，加調味料拌勻，將魚塊回鑊炒勻，潷酒即可上碟。

蒜香炒菜心

材料
菜心 600 克
蒜茸 3 湯匙

調味料
鹽、薑汁各 1 茶匙
砂糖 1/2 茶匙

做法
① 菜心除去黃花，洗淨，瀝乾水分。
② 燒熱油鑊，爆香蒜茸，加入菜心炒熟，下調味料即成。

沙茶醬炒茼蒿 素

材料
茼蒿 600 克
蒜茸、薑茸各 1 湯匙
辣椒茸 1 湯匙

調味料
沙茶醬 2 湯匙
老抽膏 1 茶匙
米酒 1 茶匙
糖 1/4 茶匙
水 50 毫升

芡汁料
生粉 1 茶匙
水 2 湯匙

做法
① 茼蒿洗淨，瀝乾水分。
② 燒熱油鑊，爆香蒜茸、薑茸、辣椒茸，下茼蒿，加水炒勻，加入調味料煮滾，勾薄芡，即可。

炒

芥蘭炒帶子

材料
帶子 200 克
芥蘭 200 克
煙肉碎 1 湯匙
紅椒絲、薑絲各 1 湯匙

調味料
米酒 1/2 茶匙
生抽 1/2 茶匙
糖 1/4 茶匙
鹽 1/2 茶匙

做法
① 帶子洗淨，汆水，瀝乾備用。
② 芥蘭去葉留梗，撕去表皮，放入冷水中浸泡。
③ 起油鑊，爆香薑絲、紅椒絲及煙肉碎，下芥蘭和帶子迅速翻炒，加調味料拌勻，即可。

芥蘭腰果炒冬菇

材料
芥蘭 300 克
炸脆腰果 50 克
冬菇（浸軟）10 朵
紅辣椒茸、蒜片各 1 茶匙

調味料
鹽 1/2 茶匙
糖 1/4 茶匙

芡汁料
生粉 1 茶匙
水 2 湯匙

做法
① 芥蘭洗淨，切段，汆水，瀝乾水分。
② 冬菇洗淨，去蒂切半。
③ 燒熱油鑊，爆香紅辣椒茸、蒜片，下冬菇和芥蘭炒透，下調味料炒勻，勾芡上碟，撒上脆腰果即成。

芥蘭苗馬蹄炒海鮮

材料

急凍雜錦海鮮 300 克
芥蘭苗 400 克
馬蹄 10 粒
葱段 1 湯匙
薑茸、蒜茸各 1 茶匙

調味料

上湯 1 湯匙
生抽、酒各 1/2 茶匙
糖 1/4 茶匙

做法

① 芥蘭苗洗淨，摘短；馬蹄削皮，洗淨，切片。
② 雜錦海鮮解凍，洗淨，汆水，瀝乾水分。
③ 燒熱油鑊，爆香薑茸，放下芥蘭苗、馬蹄片，加上湯和糖拌炒，盛起。
④ 再起鑊，爆香蒜茸，落雜錦海鮮、葱段，加生抽和潷酒爆炒芥蘭苗、馬蹄片回鑊炒勻，上碟。

欖菜肉碎炒芥蘭 經典

材料

免治豬肉 100 克
芥蘭莖 300 克
欖菜 1 湯匙
蒜茸 1 茶匙
油、鹽、糖各少許

醃料

生粉、生抽各 1 茶匙
糖 1/2 茶匙
麻油少許

芡汁料

水 5 湯匙
生抽、生粉各 1 茶匙
糖、麻油各 1/2 茶匙

做法

① 免治豬肉用醃料醃 15 分鐘。
② 芥蘭莖洗淨，切段，和油、鹽、糖一同加入沸水中，汆水後盛起，瀝乾水分。
③ 燒熱鑊，下油把免治豬肉炒至八成熟，芥蘭回鑊，炒香後加入芡汁料，拌至汁液濃稠即成。

馬拉盞炒通菜

材料
通菜 500 克
米酒 2 茶匙

配料
紅辣椒 1 隻
馬拉盞 2 湯匙
蒜茸 3 茶匙
XO 醬 3 茶匙

調味料
糖 1 茶匙
雞粉 1 茶匙

做法
① 通菜洗淨，摘去老菜，瀝乾水分。
② 紅辣椒洗淨，去籽，切絲。
③ 燒熱鑊，下油約 1/2 湯匙，爆香配料，放入通菜，灒酒，加調味料，灑少許水，炒片刻即可上碟。

TIPS
炒通菜不要蓋鍋蓋，否則菜會變黑。

蝦仁小棠菜

材料

小棠菜 300 克
蝦仁 150 克
冬筍 40 克
水發木耳 20 克
紅蘿蔔 20 克
葱段少許
蒜頭（切片）2 粒

調味料

鹽 1/2 茶匙
酒少許

芡汁料

生粉 1 茶匙
水 1 湯匙

做法

① 小棠菜洗淨，切短段；木耳、紅蘿蔔、冬筍切小片；蝦仁去腸後出水，備用。
② 熱鑊燒油，放入蒜片、葱段爆香，加入蝦仁、木耳片、紅蘿蔔片和冬筍片炒勻。
③ 加入小棠菜炒勻後，加入調味料炒入味，以生粉水勾芡即可。

筍片炒小棠菜 素

材料

小棠菜 480 克
筍片 60 克
薑茸 1 茶匙

調味料

鹽 1/2 茶匙
糖 1/4 茶匙
米酒 1 茶匙
上湯 1/2 杯

芡汁料

生粉 1/2 茶匙
水 2 湯匙

做法

① 小棠菜洗淨，瀝乾水分。
② 筍片汆水，瀝乾水分。
③ 燒熱鑊，下油爆香薑茸，放入小棠菜、筍片略炒，下調味料煮滾，勾芡，上碟。

蒜香牛柳小棠菜

材 料

牛柳 250 克
小棠菜 250 克
蒜頭 6 粒
蒜鹽 1 茶匙
薑 3 片
紹酒 1/2 湯匙

調 味 料

鹽、糖各 1/4 茶匙
胡椒粉、麻油各少許
清雞湯 2 湯匙

芡 汁 料

生粉 2 茶匙
水 3 茶匙

做 法

① 牛柳洗淨，切厚片，撒上蒜鹽稍醃；小棠菜洗淨。

② 蒜頭去衣，切片，用少許油炸至金黃色。撈起蒜片，用餘下的油將牛柳片慢火煎熟。

③ 再起鑊，落油爆香薑片，潷酒，放入小棠菜和調味料炒勻，將牛柳片加入焗煮片刻，勾芡上碟。

雙菇扒小棠菜

材 料

小棠菜 300 克
冬菇、蘑菇各 120 克
薑 2 片
蒜茸 1 湯匙
紹酒 1 湯匙

調 味 料

生抽 1 湯匙
鹽 1/2 茶匙
胡椒粉少許

芡 汁 料

生粉 1 茶匙
清水 2 湯匙

做 法

① 所有材料洗淨；冬菇去蒂。

② 在清水中加入油和鹽，把小棠菜煮熟後盛起，瀝乾水分，排在碟上。

③ 燒熱油鑊，爆香薑片和蒜茸，加入冬菇和蘑菇，煮熟後加入調味料和芡汁料，煮至汁液濃稠，淋在小棠菜表面即成。

紅蘿蔔金菇炒唐芹

材料
嫩唐芹 350 克
紅蘿蔔絲、金菇各 80 克
蒜茸 1 茶匙
花椒 1/2 茶匙（可不用）

調味料
米酒 1 茶匙
生抽、鹽各 1/2 茶匙

做法
① 唐芹去根去葉、洗淨切段，汆水，瀝乾水分。
② 金菇洗淨，切去根部。
③ 燒熱油鑊，爆香蒜茸和花椒，下唐芹、紅蘿蔔絲、金菇快炒，瓚米酒，加入生抽、鹽炒勻，上碟。

蝦仁豆腐乾炒唐芹

材料
豆腐乾 4 塊、蝦仁 320 克
唐芹 240 克、西芹 1/4 棵
蒜茸、薑茸各 1 茶匙

醃料
生抽、生粉各 1 茶匙
胡椒粉、麻油各少許

調味料
上湯 1/2 杯
鹽、糖各 1/2 茶匙

做法
① 蝦仁洗淨，用醃料拌勻，放入雪櫃冷藏 10 分鐘。
② 西芹洗淨，撕去老筋，切段；唐芹洗淨，切去根部，切段；豆腐乾洗淨，切片。
③ 熱鑊下油，蝦仁泡油至熟，盛起，瀝乾油分。
④ 爆香薑茸、蒜茸，將唐芹、西芹、豆腐乾倒入，加入調味料略炒，蝦仁回鑊，炒勻即可。

菇粒彩炒

蔬果類 西芹

材 料

蘑菇 160 克
西芹 80 克
紅辣椒（切粒）1 隻
薑茸、蒜茸各 1/2 茶匙
米酒 1 茶匙

調 味 料

鹽、糖各 1/4 茶匙
魚露、生粉各 1/2 茶匙
水 2 湯匙

做 法

① 蘑菇、西芹洗淨，分別切粒。
② 起油鑊，爆香薑茸、蒜茸和紅辣椒粒，下蘑菇粒炒勻，再放入西芹粒，炒至熟透，潷酒，倒入調味料，炒勻，上碟。

西芹炒生魚片

材料

生魚片 300 克
西芹 250 克
蒜茸、薑茸各 1 湯匙
葱段 1 湯匙
鹽適量、酒 1/2 茶匙

醃料

生抽 1/2 茶匙
生粉 1 茶匙
胡椒粉適量

芡汁料

生粉 1 茶匙
水 2 湯匙

做法

① 西芹撕去老筋,洗淨,切段。
② 生魚片用醃料拌勻。
③ 燒熱油鑊,爆香蒜茸、薑茸、葱段,
　 下生魚片,潷酒,再下西芹拌炒,
　 下鹽調味,勾芡即可。

西芹炒帶子

材料

急凍帶子 240 克
西芹 160 克
葱段、蒜片各 1 湯匙
薑花 6 片
紅蘿蔔花 8 片
薑汁酒 1 茶匙

醃料

糖 1/4 茶匙
鹽 1/2 茶匙
生粉 1/2 茶匙
胡椒粉、麻油各適量

芡汁料

生粉 1/2 茶匙
水 2 湯匙

做法

① 帶子解凍,洗淨,用布吸乾水分,
　 加醃料醃 20 分鐘,汆水後瀝乾。
② 西芹洗淨,撕去老筋,切段,泡油,
　 盛起。
③ 燒熱油鑊,爆香蒜片、薑花,加入
　 帶子、西芹,快手炒勻,潷薑汁酒,
　 勾芡,加入紅蘿蔔花和葱段即可。

芝麻炒牛蒡絲

材料
牛蒡 320 克
紅蘿蔔絲 100 克
紅辣椒粒 1 茶匙
炒香芝麻 1 茶匙

調味料
紹酒 2 茶匙
米酒 1 茶匙
生抽 1/2 茶匙
糖、醋各 1/4 茶匙

做法
① 牛蒡洗淨，去皮，切幼絲，浸泡在
　 醋水中，沖洗乾淨，瀝乾水分。
② 燒熱油鑊，下牛蒡絲和紅蘿蔔絲炒
　 勻，加入紅辣椒粒，下調味料炒
　 勻，直到汁料收乾，撒上炒香芝麻
　 即可。

香辣牛蒡牛柳絲

材料
牛柳 160 克
牛蒡 160 克
青、紅辣椒各 1 隻
花椒辣油 2 茶匙

醃料
蠔油 1.5 湯匙
水 2 茶匙
生粉 1 茶匙

做法
① 牛柳、牛蒡及青、紅辣椒洗淨，瀝
　 乾水分，分別切絲。
② 拌勻牛柳絲和醃料。
③ 燒熱鑊，下油爆香辣椒絲，加入牛
　 柳絲略炒，再下牛蒡絲，炒熟後熄
　 火，加入花椒辣油拌勻即成。

蒜芯炒牛肉

材料

牛肉 320 克
蒜芯 160 克
紅蘿蔔 20 克
蒜茸 1/2 湯匙

醃料

蠔油 1 湯匙
麻油、生粉各 1 茶匙

芡汁料

蠔油 3 湯匙
糖、生粉各 1 茶匙
水 2 湯匙

做法

① 材料洗淨，瀝乾水分。
② 牛肉切片，用醃料醃 15 分鐘。
③ 蒜芯切段；紅蘿蔔去皮，切片；蒜芯和紅蘿蔔汆水，瀝乾水分。
④ 燒熱鑊，下油爆香蒜茸，加入其他所有材料和芡汁料，煮至熟透即成。

京葱爆鴨塊 經典

材料

鴨肉 300 克、京葱 100 克

調味料

油 1/2 茶匙、生抽 1 茶匙、
鹽 1/2 茶匙、糖 1/4 茶匙、
生粉 1 茶匙、米酒 1 茶匙、
麻油適量、水 1 杯

芡汁料

生粉 1 湯匙、上湯 3 湯匙、
麻油 1 茶匙

做法

① 鴨肉洗淨，切塊；京葱洗淨，切段。
② 燒熱油鑊，放入京葱段炸成金黃色，盛起，瀝油。
③ 鑊內留底油，先放鴨塊炒香，再放入調味料略煮，用慢火煮 15 分鐘，加入京葱段，勾芡，即可。

炒

番茄炒蛋

材料

番茄 4 個，雞蛋 4 隻

調味料

魚露適量，茄汁 2 湯匙，糖 1.5 茶匙，鹽 1/2 茶匙

TIPS

炒番茄不用加水。

做法

① 番茄洗淨，切成 4 件。

② 雞蛋打在一碗中，加魚露打勻成蛋液。

③ 燒熱鑊，下油約 1/2 湯匙，下番茄炒，加調味料炒至番茄腍而不爛，盛起。

④ 再燒熱鑊，下油約 1 湯匙，倒下蛋液，快手炒至凝固，即將番茄回鑊，拌勻即可。

番茄玉子豆腐

材 料

番茄 3 個
玉子豆腐 1 條
雞胸肉 150 克
雞蛋 1 隻
葱 1 條
薑絲、胡椒粉各少許。

醃 料

鹽、糖各 1/4 茶匙

調 味 料

生抽 1 茶匙
鹽、糖各少許

做 法

① 番茄洗淨，去蒂去籽，切小粒；葱切葱花。
② 雞肉洗淨切粒，用醃料拌醃 10 分鐘；雞蛋去殼打勻，炒熟。
③ 玉子豆腐切塊狀；煎至金黃，下生抽調味。
④ 燒熱鑊，下油爆香薑絲，雞肉炒香，番茄拌炒片刻，下少許鹽、糖調味，加入玉子豆腐、已炒熟的雞蛋、胡椒粉、葱花拌勻，即成。

炒

粟米紅蘿蔔炒番薯 素

材 料

番薯 300 克
紅蘿蔔 120 克
粟米粒 120 克
蒜茸 1 湯匙

調 味 料

生抽 1 湯匙
砂糖、鹽各 1/2 茶匙
胡椒粉少許

做 法

① 所有材料洗淨；番薯、紅蘿蔔去皮，切粒。
② 燒熱油鑊，爆香蒜茸，加入番薯，煎至表面焦脆，加入紅蘿蔔和粟米，炒熟後加入調味料，拌勻即成。

醋溜土豆絲

材 料

馬鈴薯 2 個
蔥絲 1 湯匙

調味料

黑醋 2 湯匙
糖 1/2 茶匙
鹽少許

做 法

① 馬鈴薯洗淨，去皮，切細絲，用水浸泡 30 分鐘，瀝乾水分。

② 燒熱鑊，下油爆香蔥絲，加入鹽、糖和馬鈴薯絲，略煮後，加入黑醋，再炒 3-5 分鐘即可。

紅辣椒銀芽炒薯絲

材 料

馬鈴薯、銀芽各 200 克
紅辣椒絲 1 湯匙
蔥粒、蒜茸各 1 湯匙

調味料

白醋、鹽各 1/2 茶匙

做 法

① 銀芽洗淨，瀝乾水分。

② 馬鈴薯洗淨，去皮，切絲，用冷水浸 30 分鐘，瀝乾水分。

③ 燒熱油鑊，爆香紅辣椒絲、蔥粒和蒜茸，加入馬鈴薯絲和銀芽，炒至熟透，下調味料即成。

五色炒粟米

材料

粟米粒 150 克
青豆 40 克
冬菇（浸軟）40 克
紅甜椒、冬筍各 40 克
上湯 2 湯匙
葱茸、薑茸各 1 茶匙
米酒 1 茶匙

調味料

鹽 1/4 茶匙

做法

① 冬菇、紅甜椒、冬筍洗淨，切幼粒；粟米粒、青豆洗淨；一同汆水，瀝乾水分。

② 燒熱油鑊，爆香葱茸、薑茸，灒米酒，注入上湯，下其他所有材料炒勻，下鹽調味即可。

鹹蛋黃炒粟米

材料

鹹蛋黃 3 隻
新鮮粟米粒 250 克
香蒜炸粉 2 茶匙

調味料

牛油 1 湯匙

做法

① 鹹蛋黃蒸熟，壓爛。

② 粟米粒洗淨，瀝乾水分，撲上香蒜炸粉，放入熱油鑊中炸至香脆，盛起，瀝油。

③ 燒熱鑊，下牛油，將鹹蛋黃和粟米粒炒勻，即可。

TIPS

鹹蛋黃味道豐腴，但所含脂肪和膽固醇較高，老人和長期病患者不宜多吃。亦可酌量減少鹹蛋黃的份量。

欖菜炒豆角

材 料

蝦仁 80 克
免治豬肉 120 克
豆角 300 克
欖菜 1 茶匙
薑茸、蒜茸各 1 茶匙

調 味 料

生抽 1 湯匙
上湯 1/4 杯
鹽 1/4 茶匙

做 法

① 蝦仁洗淨，瀝乾水分。
② 豆角洗淨，撕去老筋，切成小段。
③ 燒熱油鑊，分別下蝦仁和豆角泡油，盛起，瀝乾油分。
④ 再把油鑊燒熱，爆香薑茸和蒜茸，放入蝦仁、免治豬肉和欖菜略炒，加入調味料和豆角煮滾即成。

乾煸豆角

材 料

豆角 600 克
梅頭豬肉 120 克
蒜頭 1 粒

醃 料

生抽 1/2 茶匙、糖 1/4
茶匙、生粉 1 茶匙、油
1/2 茶匙

調 味 料

豆瓣醬 1 湯匙、生抽 1/2
茶匙、老抽 1/2 茶匙、糖
1/4 茶匙、水 1 湯匙、生
粉 1/2 茶匙

做 法

① 豆角洗淨，撕去老筋，切段，泡油，
盛起。
② 梅頭豬肉洗淨，剁碎，加入醃料醃
片刻。
③ 燒熱油鑊，爆香蒜頭，加入梅頭豬
肉炒熟，再加入所有調味料和豆角
拌勻，煮至汁料收乾即可。

豆角金菇炒魚鬆

材 料

豆角 320 克
金菇 1 包
魚鬆 160 克
薑絲 1 茶匙
蒜茸 1 茶匙
葱、芫荽各 1 條

調 味 料

鹽、糖各 1/2 茶匙
胡椒粉、麻油各少許

做 法

① 豆角洗淨，切段；金菇洗淨，切去
根部；葱、芫荽切碎，用少許鹽、
胡椒粉與魚鬆拌勻，煎熟切成條
狀。
② 再起鑊，落少許油爆香薑絲、蒜
茸，落豆角、金菇，加調味料炒
熟，後放入魚鬆條撈勻即成。

炒

荷蘭豆炒魚餅

材料

絞鯪魚肉 240 克
荷蘭豆 160 克
薑絲、蒜茸各 1 湯匙

調味料

生抽 1/2 茶匙
鹽 1/4 茶匙

做法

① 荷蘭豆洗淨，撕去老筋和頭尾。
② 燒熱油鑊，下鯪魚肉，壓扁，煎至兩面金黃，盛起後切開。
③ 燒熱油鑊，爆香薑絲、蒜茸，下荷蘭豆拌炒至變色，加入魚餅拌炒，加一點水，下調味料，煮至汁液收濃後即可。

荷蘭豆炒豬膶

材料

豬膶 300 克
荷蘭豆 100 克
薑絲 1 茶匙

醃料

薑汁酒、生粉水各 1 湯匙
胡椒粉、麻油少許

調味料

生抽 1 湯匙
糖、鹽各 1/2 茶匙
胡椒粉、麻油各少許

做法

① 荷蘭豆撕去頭尾和莢筋，洗淨，瀝乾水分。
② 豬膶洗淨，瀝乾水分，切片，用醃料醃 30 分鐘。
③ 燒熱油鑊，爆香薑絲，加入豬膶略炒，加入荷蘭豆和調味料，炒至熟透，即可食用。

鮮蘑菇炒蜜糖豆

材料
蜜糖豆 240 克
蘑菇 120 克
上湯 1 杯
蒜茸 1 茶匙
鹽少許

調味料
鹽、胡椒粉各適量

做法
① 蜜糖豆洗淨，用上湯煮熟，盛起待用；蘑菇去蒂，洗淨，下少許鹽汆水。
② 燒熱油鑊，爆香蒜茸，加入蜜糖豆和蘑菇，炒熟後加入調味料，拌勻即成。

蒜香炒秋葵

材料
秋葵 300 克
蒜茸 2 湯匙

調味料
生抽、老抽各 1 湯匙
蜜糖 1 湯匙

做法
① 秋葵洗淨，用鹽水浸 15 分鐘，汆水，過冷河，瀝乾水分，去蒂，切片。
② 燒熱油鑊，爆香蒜茸，加入秋葵略炒，加入調味料，拌勻即成。

瑤柱炒三色蘿蔔

材料

紅蘿蔔 120 克
白蘿蔔 120 克
青蘿蔔 80 克
瑤柱 4 粒
薑 2 片

調味料

生抽 1/2 茶匙
鹽 1/4 茶匙
糖 1/4 茶匙
生粉 1 茶匙
水 4 湯匙
胡椒粉少許
麻油少許

做法

① 紅、白、青蘿蔔去皮，洗淨切粒。
② 瑤柱浸軟，隔水蒸 30 分鐘，撕成絲。
③ 熱鑊下油，爆香薑片，下三種蘿蔔粒炒勻，加 2 湯匙滾水加蓋煮至蘿蔔軟身，下瑤柱絲和調味料炒勻即成。

蔬果類 紅蘿蔔

雪菜炒紅蘿蔔 素

材料

雪菜 100 克
紅蘿蔔 250 克
蒜茸 1 茶匙

調味料

鹽 1/2 茶匙
生抽 1/2 茶匙
糖 1/4 茶匙
麻油、胡椒粉各少許

做法

① 紅蘿蔔洗淨，去皮，切薄片。
② 雪菜洗淨，以水浸泡，換水兩次，去除鹹味，擠乾，切茸。
③ 燒熱油鑊，爆香蒜茸，放入紅蘿蔔片略炒，加入雪菜茸炒勻，下調味料炒至紅蘿蔔熟軟，即成。

紅蘿蔔炒蘑菇 素

材料

紅蘿蔔 250 克
蘑菇 100 克
西蘭花 80 克
水 1/4 杯

調味料

鹽 1/2 茶匙
糖 1/4 茶匙
胡椒粉和麻油各少許

做法

① 紅蘿蔔洗淨，去皮，切成小塊。
② 蘑菇洗淨，切片；西蘭花洗淨，切成小朵。
③ 燒熱油鑊，放入西蘭花、紅蘿蔔略炒，加入水，用中火煮至紅蘿蔔塊軟時，下蘑菇和調味料，煮透即可。

磨豉醬炒茄子

材 料

茄子 400 克
蒜茸、葱粒各 1 湯匙
紅辣椒粒 1/2 茶匙

汁 料

磨豉醬、生粉水各 1 湯匙
生抽 1/2 湯匙
甜麵醬、老抽各 1 茶匙
糖 1 茶匙
鹽 1/4 茶匙
水 1/3 杯

做 法

① 茄子洗淨，切條，燒熱油鑊，用少許油炒至軟身，盛起待用。

② 再燒熱油鑊，爆香蒜茸，加入汁料，煮滾後加入茄子，煮至汁液濃稠，在表面撒上葱粒和紅辣椒粒，即成。

蒜茸炒鮮蘆筍

材 料

鮮蘆筍 300 克
蒜茸 1 湯匙
薑茸 1 茶匙

調味料

鹽 1/2 茶匙
糖 1/4 茶匙
麻油、胡椒粉各少許
上湯 2 湯匙

芡汁料

生粉 1/2 茶匙
水 2 湯匙

做 法

① 鮮蘆筍洗淨，切去老硬部分，切段，汆水，瀝乾水分。

② 燒熱油鑊，爆香蒜茸、薑茸，下蘆筍炒勻，下調味料煮滾，勾薄芡，即可。

蒜芯韭黃炒鱔片

材料
黃鱔肉 320 克
蒜芯 160 克
韭黃 80 克
蒜茸 2 茶匙

醃料
生抽 1/2 湯匙
生粉 1 茶匙
胡椒粉、麻油各少許

芡汁料
水 4 湯匙
生抽、老抽各 1 茶匙
生粉、糖各 1/2 茶匙
麻油及胡椒粉各少許

做法
① 黃鱔肉洗淨切段，汆水，瀝乾水分，用醃料醃 10 分鐘。
② 韭黃、蒜芯洗淨切段。
③ 燒熱油鑊，爆香 1 茶匙蒜茸和黃鱔，盛起。
④ 再燒熱油鑊，爆香餘下蒜茸，下韭黃、蒜芯略炒，加入黃鱔和芡汁料，拌勻即可。

牛油炒鮮冬菇

材料
鮮冬菇 80 克
牛油 1 湯匙
碎芝士 1 茶匙

調味料
紹酒 1 湯匙
鹽、胡椒粉各適量

做法
① 鮮冬菇洗淨，去蒂，切片。
② 燒熱油鑊，加入牛油和鮮冬菇略炒，加入調味料，炒至熟透，加入芝士，拌勻即成。

蘑菇青瓜炒生魚片

材料
青瓜2條、生魚1條、杞子1茶匙、蘑菇100克、蒜茸1湯匙、薑5片

醃料
生抽1/2茶匙、生粉1茶匙、胡椒粉適量

調味料
鹽適量

做法
① 青瓜洗淨，相間地去皮，開邊，去籽，切厚片；蘑菇洗淨，切厚片；杞子浸軟，洗淨備用。
② 生魚劏好，洗淨，起肉，切雙飛，用醃料拌勻。
③ 下油爆香蒜茸，倒入青瓜拌炒，再加入蘑菇、杞子炒勻，下調味拌勻後上碟。
④ 再起油鑊，爆香薑片，將生魚片拌炒至熟，鋪在青瓜和蘑菇上即成。

XO 醬雙菇炒牛柳

材料
牛柳 300 克
蘑菇 90 克
草菇 90 克
紅蘿蔔 25 克
紅甜椒 1 個

醃料
XO 醬 2 湯匙
蠔油 1/2 湯匙
生粉 1/2 茶匙
麻油 1 茶匙

做法
① 材料洗淨。牛柳切片，與醃料拌勻。
② 蘑菇、草菇切片；紅蘿蔔切片；紅甜椒切塊。
③ 燒熱油鑊，爆香紅甜椒，加入牛柳片炒至九成熟，下蘑菇、草菇、紅蘿蔔，炒勻即成。

青瓜蘑菇炒蝦仁

材料
青瓜 2 條
蘑菇 160 克
蝦仁 180 克
蒜茸、薑茸各 1 茶匙

醃料
鹽 1/4 茶匙
生粉 1/2 茶匙
胡椒粉少許

做法
① 青瓜洗淨，切塊；蘑菇洗淨，切片。
② 蝦仁洗淨，剝開背部，用醃料醃片刻，泡油。
③ 起油鑊，爆香蒜茸，下青瓜、蘑菇炒熟，盛起。
④ 再起油鑊，爆香薑茸，爆炒蝦仁至熟透，再將青瓜、蘑菇回鑊炒勻，即可。

炒

香蒜炒野菌

材料

蠔菇 200 克
雞髀菇 200 克
蒜片 80 克
葱碎 50 克
乾葱碎 50 克
黑胡椒碎 1/4 茶匙
牛油 40 克
白酒 20 毫升
白蘭地酒 10 毫升

調味料

鹽 1/4 茶匙
糖 1/8 茶匙

做法

① 蠔菇、雞髀菇洗淨，瀝乾水分。
② 燒熱油鑊，下牛油將葱碎、乾葱碎、蒜片和黑胡椒碎炒香，下蠔菇和雞髀菇炒至軟身，灒入白酒和白蘭地酒，加入調味料，待湯汁濃稠，即成。

蔬果類 雞髀菇 白蘿蔔

黑椒爆炒雞髀菇 素

材料

雞髀菇 400 克
薑 3 片

調味料

黑椒碎、生抽各 1 茶匙
砂糖 1/2 茶匙

做法

① 雞髀菇洗淨，切塊，瀝乾水分。
② 燒熱油鑊，爆香薑片，加入雞髀菇，炒熟後加入調味料，拌勻即可。

蘿蔔炒鯪魚肉

材料

白蘿蔔 300 克
絞鯪魚肉 160 克
薑絲、葱白各 1 湯匙
生抽 1/4 茶匙

醃料

葱茸 1 湯匙
鹽 1/2 茶匙
生粉 1 茶匙
胡椒粉少許
水 1 茶匙

芡汁料

生粉 1 茶匙
水 2 湯匙

做法

① 鯪魚肉下醃料拌勻，順一個方向攪成魚膠。

② 燒熱油鑊，將魚肉攤成餅形，兩面煎至金黃，盛起，待涼切條。

③ 白蘿蔔去皮，洗淨，切粗條。

④ 燒紅油鑊，下薑絲、葱白爆香。下蘿蔔條拌炒，加適量沸水，文火煮熟，下生抽，倒入魚肉條，炒勻，勾芡即可。

炒

蠔油草菇斑片

材料

石斑肉 250 克、草菇 160 克、筍片、紅蘿蔔片、青豆各 20 克、葱 2 條、薑片 8 片

醃料

鹽、糖各 1/4 茶匙、薑汁 1/2 茶匙、蛋白 1 隻、生粉 1/2 湯匙

調味料

蠔油 1 湯匙、糖 1/4 茶匙、水 3 湯匙、生粉 1/2 茶匙、麻油少許

做法

① 石斑肉洗淨切厚片,用醃料醃 30 分鐘。
② 草菇和青豆分別洗淨,汆水,過冷河;葱、薑片洗淨,葱切段。
③ 燒熱油鑊,將石斑肉泡油,撈出,瀝油。
④ 燒熱油鑊,爆香葱段和薑片,放下草菇、筍片、紅蘿蔔片及青豆略炒,再下石斑片拌勻,下調味料,輕輕拌炒勻便可。

蠔皇蝦子扒三菇

材料

鮮冬菇 12 朵、草菇、蘑菇各 80 克、蝦子 2 茶匙、生菜 160 克、蒜片 1 茶匙、薑片、葱段各 1 湯匙、油、鹽、糖各少許

調味料

蠔油 1 湯匙、生抽 1 茶匙、糖 1/4 茶匙、麻油 1/2 茶匙

芡汁料

水 3/4 杯、生粉 2 茶匙

做法

① 蝦子用白鑊慢火炒香,盛起。
② 生菜洗淨,切段;鮮冬菇洗淨,去蒂;草菇、蘑菇洗淨。
③ 生菜放入加了油、鹽和糖的沸水中汆水,瀝乾水分後盛排碟上。
④ 燒熱油鑊,爆香蒜片、葱段和薑片,先加鮮冬菇炒一會,再加調味料、草菇、蘑菇,勾芡,撒下蝦子,即成。

菠蘿炒雙菇

材料
鮮草菇 160 克
鮮蘑菇 160 克
罐裝菠蘿粒 160 克
青、紅甜椒各 1/2 個
米酒 2 茶匙

芡汁料
生抽 2 茶匙、鹽、糖各
1/4 茶匙、白醋 2 茶匙、
生粉 1 茶匙、水 2 湯匙

做法
① 草菇和蘑菇洗淨，用鹽水汆水，過冷河。
② 青、紅甜椒洗淨，去籽，切小塊。
③ 起油鑊，爆香青、紅甜椒，放入草菇、蘑菇和菠蘿粒炒勻，灒酒，下芡汁料炒勻，即成。

蟹肉扒鮮菇 經典

材料
肉蟹 1 隻
鮮草菇 300 克
蛋白 1 隻
蒜頭（略拍）1 粒
薑汁酒 1 茶匙

調味料
鹽 1/4 茶匙、糖 1/4 茶匙、生粉 2 茶匙、上湯 1/2 杯、麻油、胡椒粉各少許

芡汁料
生粉 1 茶匙、水 3 湯匙

做法
① 草菇洗淨，從頂部剝開十字，汆水，過冷河，瀝乾水分。
② 肉蟹劏好，洗淨，蒸熟後拆肉。
③ 燒熱鑊，爆香蒜頭，灒酒，下草菇炒透，勾芡，瀝去水分，上碟。
④ 燒熱油鑊，注入調味料煮滾，下蟹肉再煮滾，加入蛋白拌勻，淋在草菇面即成。

炒

麻辣藕片

材 料

鮮蓮藕 400 克

調 味 料

辣椒油 1 湯匙
乾辣椒碎 1/2 茶匙
花椒粒 1/2 茶匙
生抽 1 茶匙
鹽 1/4 茶匙

做 法

① 蓮藕去皮，切薄片，放入水中浸泡
10 分鐘，瀝乾水分。

② 燒熱油鑊，下花椒粒、乾辣椒碎爆
香，下蓮藕片、鹽、生抽炒至蓮藕
熟，淋上辣椒油炒勻即可。

火腿炒蓮藕

材 料

蓮藕 300 克
金華火腿 100 克

調 味 料

蜜糖 2 湯匙
糖 1/4 茶匙

做 法

① 蓮藕去皮，洗淨，切薄片。

② 金華火腿蒸 10 分鐘，切片，加入
調味料，再隔水蒸 30 分鐘。

③ 燒熱油鑊，炒熟蓮藕片，加入金華
火腿，炒勻即可食用。

炒雜菜 素

材料
蓮藕 1/4 個
鮮百合 2 個
小蘆筍 1 小紮
紅辣椒絲 1 隻量
蒜茸 1 湯匙
薑絲 1 茶匙
米酒 2 茶匙

調味料
生抽 2 茶匙
糖 1/2 茶匙

做法
① 蓮藕去皮，洗淨切薄片。
② 百合洗淨，撕成一瓣瓣。
③ 小蘆筍洗淨，切段。
④ 燒熱鑊，下油約 1/2 湯匙，爆香蒜茸、薑絲和紅辣椒絲，先加入蓮藕片炒熟，再下小蘆筍炒片刻，加入百合和調味料拌勻，灒酒，炒勻即可上碟。

炒

韭菜冬筍炒蝦仁

材料

蝦仁 400 克、韭菜 350 克、
冬筍 1 個、薑絲 1 湯匙

醃料

生粉 1 茶匙
鹽、胡椒粉少許

調味料

魚露 1/2 湯匙、胡椒粒少許

做法

① 蝦仁洗淨，瀝乾水分，用醃料醃
　30 分鐘。
② 韭菜洗淨，切段；冬筍去硬皮，
　洗淨，切件，汆水。
③ 起油鑊，下冬筍略炒，再加入韭
　菜炒熟，盛起。
④ 再起油鑊，爆香薑絲，倒入蝦仁
　炒勻，加調味料再炒至熟透，將
　冬筍、韭菜回鑊拌勻，上碟。

冬筍豆腐乾炒肉絲

材料

豆腐乾 2 塊、豬瘦肉 160
克、冬筍 80 克、木耳 80
克、紅蘿蔔 1/2 條、洋葱
1/2 個、蒜茸 1 茶匙

醃料

生抽、生粉各 1 茶匙、糖
1/4 茶匙、水 1/2 湯匙

調味料

生抽 1/2 茶匙、糖 1/4
茶匙、生粉 2 茶匙、水
1/2 湯匙、胡椒粉各少許

做法

① 豆腐乾、冬筍、木耳、紅蘿蔔、
　洋葱洗淨，切絲；冬筍汆水，
　瀝乾。
② 豬瘦肉洗淨，切絲，以醃料拌勻。
③ 燒熱油鑊，爆香蒜茸，下肉絲炒
　熟，放入豆腐乾絲、紅蘿蔔絲、
　冬筍絲、木耳絲和洋葱絲，炒勻
　後下調味料加蓋煮滾即可。

蝦子冬筍

材料
蝦子 20 克
冬筍肉 400 克
葱花少許
生粉水 1 湯匙

調味料
糖 2 茶匙
生抽 1 湯匙
生粉、麻油各 1 茶匙
上湯 1/4 杯

做法
① 冬筍切成厚塊，用刀拍鬆，再切成幼條，放入溫油鑊中拉一下，至黃色取出。
② 原鑊留油少許，將蝦子放入用中火炒一下，再將冬筍和調味料放入，用小火煮約 3 分鐘，改用人火收乾汁水，加生粉水勾芡，加麻油，撒下葱花，翻炒一下即可上碟。

雪菜炒冬筍

材料
冬筍 300 克
雪菜 150 克
薑茸 1 茶匙

調味料
米酒 1 茶匙
鹽 1/4 茶匙
糖 1/4 茶匙
水 1/4 杯

芡汁料
生粉 1 茶匙
水 2 湯匙

做法
① 材料洗淨。雪菜去根和老葉，切幼粒。
② 冬筍剝殼，去老筋，切片，汆水，瀝乾水分。
③ 燒熱油鑊，爆香薑茸，下雪菜略炒，放入筍片，下調味料，加鑊蓋煮至筍片熟，勾芡即成。

醬燒筍

材料

竹筍 300 克
豆苗 250 克
水 1/2 杯
鹽少許

調味料

甜麵醬 1 湯匙
生抽 1 湯匙
糖 1/4 茶匙
酒 1/2 湯匙

做法

① 竹筍洗淨，切片，泡油，瀝乾油分；
豆苗洗淨，瀝乾水分。

② 燒熱油鑊，下調味料炒香，放入筍
片和水，用中火煮至汁液收乾，上
碟。

③ 鑊內再下油，放進豆苗炒熟，下鹽
調味，瀝乾油分，伴在竹筍邊即
可。

麻辣乾筍絲

材料

竹筍 200 克
辣椒絲、葱絲各 1 湯匙
麻油 2 茶匙

調味料

生抽 1/2 茶匙
辣椒油 1 茶匙
花椒粉、鹽各 1/2 茶匙

做法

① 竹筍洗淨，切粗絲，汆水，瀝乾水
分。

② 燒熱油鑊，爆香辣椒絲，放入冬筍
絲，淋上麻油，加入調味料、葱絲
拌勻，上碟。

蘆筍炒百合

材料

鮮蘆筍 200 克
鮮百合 180 克
紅蘿蔔片 2 湯匙
上湯 1/4 杯
炸蒜茸少許

調味料

鹽 1/4 茶匙
糖 1/4 茶匙
蠔油 1/2 茶匙
麻油、胡椒粉各少許

芡汁料

生粉 1/2 茶匙
水 3 湯匙

做法

① 鮮蘆筍洗淨，切去老硬部分，切段；
　 鮮百合洗淨，撕小瓣。

② 燒熱油鑊，下蘆筍炒至半熟，加入
　 鮮百合、紅蘿蔔片再炒至半熟，注
　 入上湯、調味料，勾芡，撒上炸蒜
　 茸即成。

鮮百合炒牛肉

材料

牛柳肉 240 克、青、紅甜椒各 1 個、鮮百合 2 個

醃料

生抽 1/2 湯匙、糖 1/4 茶匙、薑汁酒、生粉各 1/2 茶匙

調味料

鹽 1/2 茶匙、糖 1/4 茶匙、胡椒粉、麻油各少許

芡汁料

生粉 1 茶匙、水 2 湯匙

做法

① 牛肉洗淨，切條，用醃料拌醃約 10 分鐘，泡嫩油，瀝乾油分。

② 鮮百合洗淨，切成瓣狀；青、紅甜椒洗淨，分別去籽，切條。

③ 燒熱鑊，將青、紅甜椒和鮮百合炒香，加入牛肉條，下調味料炒勻，勾芡。

蒜片百合牛柳粒

材料

牛柳 200 克、鮮百合 1 個、芥蘭莖 30 克、蒜頭 1 粒

醃料

生抽 1 茶匙、糖 1/4 茶匙、生粉 1 茶匙、麻油和胡椒粉各少許

芡汁料

生粉 1 茶匙、水 2 湯匙、生抽、蠔油各 1 茶匙、糖 1/4 茶匙

做法

① 材料洗淨。牛柳切小方粒，加醃料拌勻待 20 分鐘。

② 鮮百合沖淨後摘瓣；蒜頭切片。

③ 芥蘭莖切段，在兩端剠十字，汆水，瀝乾。

④ 燒熱油鑊，放下牛柳粒爆炒至金黃，約八成熟，盛起。剩餘油爆香蒜片、芥蘭，牛肉粒回鑊炒勻，下百合，勾芡，即可。

菠蘿炒木耳

材料

罐頭菠蘿片 1/2 罐
黑木耳 10 朵
薑 3 片

調味料

生抽、麻油各 1 茶匙
鹽、砂糖各 1/2 茶匙
白胡椒粉 1/2 茶匙

做法

① 菠蘿切塊；薑切絲。
② 黑木耳用清水浸軟，去硬蒂，汆水，瀝乾水分，撕成小朵。
③ 燒熱油鑊，爆香薑絲，加入黑木耳，炒熟後加入菠蘿和調味料，拌勻即成。

菠蘿咕嚕肉 經典

材料

柳梅肉 240 克、菠蘿粒 1/2 杯、青、紅甜椒各 1 個、洋葱 1/2 個、紅蘿蔔 40 克、生粉 4 湯匙

醃料

鹽 1/3 茶匙、糖 1/4 茶匙、雞蛋 1 隻

汁料

菠蘿汁 1/4 杯、白醋 1/4 杯、糖 2 茶匙

芡汁料

生粉 1/2 茶匙、水 2 湯匙

做法

① 材料洗淨。柳梅肉切塊，用叉壓花紋。
② 紅蘿蔔、青和紅甜椒、洋葱均切方塊。
③ 肉塊下醃料拌勻，撲上生粉，放入油鑊中，用中火炸成金黃，撈出瀝油。
④ 燒熱油鑊，爆香青紅甜椒、洋葱、菠蘿粒、紅蘿蔔，炸肉塊回鑊，下汁料煮滾，勾芡，即可。

香芒蘆筍炒魚柳

材料

魚柳 250 克
芒果 2 個
蘆筍 2 條
葱 1 條
薑茸、蒜茸各 1 茶匙

醃料

鹽 1/2 茶匙、胡椒粉少許

調味料

油 1 茶匙、生粉 1/2 茶匙
鹽、胡椒粉和麻油各少許

做法

① 魚柳解凍洗淨，切條，下醃料拌勻。
② 芒果去皮起肉，切條；葱洗淨，切段。
③ 蘆筍洗淨，去老硬部分，切段，放入鹽、油滾水內汆熟。
④ 起油鑊，爆香薑茸、蒜茸、葱段，下蘆筍炒熟，再下調味料、芒果、魚柳略炒，即成。

香芒牛柳

材料

牛柳 300 克
芒果 1 個
青甜椒 1 個

醃料

生抽 1 茶匙、生粉 1/2 茶匙
糖 1/4 茶匙、米酒 1/2 茶匙
鹽 1/4 茶匙
油、水各 1/2 湯匙

調味料

鹽、糖各 1/4 茶匙

做法

① 材料洗淨。牛柳切絲，加醃料醃 20 分鐘。
② 芒果去皮，去核，切絲；青甜椒去籽，切絲。
③ 燒熱油鑊，下牛柳絲炒至變色，盛起，再下青甜椒絲拌炒，下調味料，加入牛柳絲和芒果絲炒勻，即可。

三冬炒斑塊

材料

石斑肉 300 克
冬菇（浸軟）4 朵
冬筍 100 克
冬菜 2 湯匙
韭菜 80 克
薑絲 1 茶匙
米酒 1 茶匙

醃料

油 1 茶匙
蛋白 1 隻
生粉 1/2 茶匙
鹽 1 茶匙

調味料

魚露 1 茶匙
生粉 1 茶匙
糖少許
麻油少許
胡椒粉少許
上湯 4 湯匙

做法

① 石斑肉洗淨，切塊，加入醃料拌勻。
② 韭菜洗淨，切段；冬菇去蒂，切條；冬筍汆水，過冷河後切片。
③ 燒熱油鑊，下石斑塊泡油，撈出瀝油。
④ 燒熱油鑊，爆香薑絲和冬菜，加入冬菇、冬筍拌炒，放入韭菜炒勻，灒酒，加調味料，下石斑塊拌勻，上碟。

炒

鮮百合蘆筍炒石斑肉

材料

鮮百合80克、蘆筍250克、石斑肉300克、紅蘿蔔片、草菇各20克、蒜茸1茶匙、薑茸1茶匙、糖、鹽各適量

醃料

生粉1茶匙、鹽1/2茶匙

調味料

鹽1/2茶匙、生粉1茶匙

做法

① 鮮百合洗淨，摘成小瓣；蘆筍洗淨，切去老硬部分，切段。燒滾水，加少許糖和鹽，將蘆筍和百合汆水。

② 石斑肉洗淨，切塊，加入醃料拌勻，下油鑊，泡油，撈出，瀝油。

③ 燒熱油鑊，爆香蒜茸、薑茸，下鮮百合、蘆筍、紅蘿蔔片、草菇拌炒，石斑肉回鑊，下調味料炒勻，即可。

彩椒炒斑塊

材料

石斑肉250克、青甜椒1/2個、紅甜椒1/4個、紅辣椒1隻、豆豉1湯匙、葱茸1湯匙、薑茸、蒜茸各1茶匙

醃料

鹽1/4茶匙、水1湯匙、蛋白1湯匙、生粉1/2湯匙

調味料

酒、生抽各1/2湯匙、水3湯匙、糖1/4茶匙、麻油1/2茶匙、胡椒粉少許、生粉水2茶匙

做法

① 石斑肉洗淨，切塊，用醃料拌勻醃好。

② 青、紅甜椒均洗淨，去籽切角；紅辣椒去籽，切圈。

③ 燒熱油鑊，將石斑肉泡油，撈出瀝油。

④ 燒熱油鑊，爆香豆豉和薑茸、蒜茸，加入石斑塊、青紅甜椒、紅辣椒和調味料，拌勻後撒下葱茸，上碟。

冬筍菜心炒魚片

材料

石斑肉 300 克
菜心 80 克
冬筍 40 克
蒜茸 1 茶匙
薑茸 1/2 茶匙

醃料

蛋白 1 隻
生粉、鹽各 1 茶匙

調味料

鹽、糖各 1/2 茶匙
胡椒粉、麻油各少許

做法

① 所有材料洗淨；石斑肉切薄片，用醃料醃 20 分鐘；菜心切段，汆水；冬筍去皮，切片。

② 燒熱油鑊，爆香蒜茸和薑茸，加入石斑片，用武火炒 3 分鐘，加入其他材料，炒全熟透，卜調味料炒勻即可。

豆椒炒小銀魚乾

材料

小銀魚乾 1/2 杯
豆腐乾 3 塊
豆豉 1 湯匙
辣椒絲 2 湯匙
青、紅甜椒各 1 個
蒜茸 1 湯匙

調味料

水、生抽各 1 湯匙

做法

① 豆腐乾洗淨，切條。

② 青、紅甜椒洗淨，去籽，切絲；豆豉壓碎。

③ 熱鑊下油，將略為浸軟之銀魚乾與蒜茸、豆豉爆香。下青、紅甜椒，再加入豆腐乾炒勻，加入調味料煮透，即可。

炒

勝瓜雲耳炒生魚片

材料

勝瓜 2 條
雪耳 4 朵
生魚（去骨）1 條
蒜茸 2 茶匙
薑 2 片

醃料

鹽 1/4 茶匙
胡椒粉少許

調味料

鹽 1/2 茶匙
雞粉 1/2 茶匙
生抽 1/2 茶匙
糖 1/4 茶匙
水 1/2 杯

做法

① 勝瓜去皮，洗淨，切滾刀塊。
② 雪耳浸發後洗淨，去蒂，切小朵。
③ 生魚洗淨，切雙飛，下醃料拌勻。
④ 燒熱鑊，下油約 1/2 湯匙，爆香蒜茸和薑片，下勝瓜和雪耳炒至熟，加入調味料拌勻。
⑤ 加入生魚片，輕力炒至熟透即可。

TIPS

雪耳可用木耳代替，木耳有通血管的效用。

水產類 生魚 鱔

蒜茸雙花生魚片

材料
西蘭花 320 克，椰菜花 320 克，生魚 1 條、蒜茸 1 湯匙、薑 5 片

醃料
生抽 1/2 茶匙、牛粉 1 茶匙、胡椒粉適量

調味料
鹽、糖各 1/2 茶匙

做法
① 椰菜花和西蘭花洗淨，摘成小朵，汆水，瀝乾。
② 生魚劏好，洗淨，起肉，切雙飛，用醃料略醃。
③ 起油鑊，爆香蒜茸，將椰菜花和西蘭花倒入，加入調味料炒勻，盛起上碟。
④ 再起油鑊，爆香薑片，將生魚片炒熟，鋪在椰菜花和西蘭花上面即成。

豉椒炒鱔片 經典

材料
黃鱔 600 克、青、紅甜椒各 1 個、薑片、葱段各 1 湯匙、蒜茸 1 茶匙、豆豉 1 湯匙

調味料
蠔油 1/2 湯匙、鹽 1/4 茶匙、米酒 1 茶匙、老抽 1/2 茶匙、麻油少許、胡椒粉少許

芡汁料
生粉 1 茶匙、水 2 湯匙

做法
① 黃鱔劏好，起肉，剝花，切片，洗淨，汆水至七成熟，瀝乾。
② 青、紅甜椒洗淨，切角。
③ 起鑊下油，爆香薑片、葱段、蒜茸、豆豉，加青、紅甜椒、黃鱔片，灒酒，下其他調味料，勾芡即可。

佛手瓜金菇炒鱔片

材料

黃鱔 480 克，佛手瓜 160 克，金菇 1 包，薑絲 1 湯匙，蒜茸 2 茶匙，紹酒 1 湯匙

醃料

生抽 1 湯匙，湯 1 茶匙，胡椒粉少許

調味料

鹽、糖各 1/2 茶匙
胡椒粉、麻油各少許

做法

① 黃鱔劏洗淨，起肉切片，用醃料拌醃 15 分鐘。

② 佛手瓜去皮洗淨，切片；金菇去根，洗淨。

③ 燒紅油鑊，爆香蒜茸，放入佛手瓜、金菇，炒白至熟。

④ 再起油鑊，爆香薑絲、鱔片，濺酒，加入佛手瓜、金菇、調味料，炒勻即成。

銀芽炒鱔糊

材料

黃鱔肉 500 克，銀芽 100 克，薑絲 1 湯匙，蒜茸 1 湯匙，芫荽碎 1/4 杯、鹽、醋各適量

調味料

生抽 1 湯匙，糖、米酒各 1 茶匙，麻油 1 湯匙，胡椒粉少許

芡汁料

生粉 1 茶匙，水 2 湯匙

做法

① 黃鱔肉放入鹽醋滾水中，汆水，瀝乾後再放入滾水中浸約 10 分鐘，撈起，切粗條。

② 燒熱油鑊，爆炒銀芽，盛起。

③ 再起油鑊，爆香薑絲、蒜茸，放入鱔條，濺酒，加其他調味料和銀芽炒勻，勾芡，撒上芫荽碎，上碟。

鹹酸菜炒魚鬆

材料
鹹酸菜梗 2 塊
原味絞鯪魚肉 200 克
紅燈籠椒 1 個
蒜茸 1 茶匙
葱段 2 棵

醃料
胡椒粉 1/2 茶匙
鹽 1/2 茶匙
生粉 1.5 茶匙
水 2 湯匙

調味料
生粉 1 茶匙
生抽 2 茶匙
糖 2 茶匙
麻油 1/2 茶匙
胡椒粉 1/2 茶匙

做法
① 鹹酸菜梗洗淨，切絲，用加了鹽的水浸 15 分鐘，榨乾水分待用。
② 絞鯪魚肉加醃料醃 15 分鐘。
③ 紅燈籠椒洗淨，去籽，切絲。
④ 燒熱鑊，下油約 1/2 湯匙，下絞鯪魚肉，壓成圓餅形，煎至兩面金黃，待涼後切成條狀。
⑤ 燒熱鑊，下油約 1/2 湯匙，爆香蒜茸，下紅燈籠椒、鹹酸菜，絞鯪魚肉條，加入調味料和葱段拌勻即可。

炒

TIPS

鹹酸菜用鹽水略浸可減去鹹味。

XO 醬炒帶子

材料
急凍帶子 320 克，西蘭花 200 克，蒜茸 1 湯匙，薑茸 1 茶匙

醃料
蛋白 1 湯匙，生粉 1 茶匙，鹽 1/4 茶匙

芡汁料
XO 醬 1 湯匙，生抽 1 茶匙，糖、生粉各 1/2 茶匙，麻油、胡椒粉各少許，水 4 湯匙

做法
① 帶子解凍，洗淨抹乾，用醃料醃 20 分鐘。
② 西蘭花切成小朵，洗淨，用鹽水汆水，瀝乾水分。
③ 燒熱鑊，下油爆香蒜茸和薑茸，加入帶子，炒至剛熟後加入西蘭花和芡汁料，煮滾即可。

彩鳳玉帶子

材料
雞胸肉 160 克，帶子 8 隻，粟米粒、紅蘿蔔粒、青豆共 3 湯匙，蒜茸 1 湯匙，薑 5 片

醃料
生粉 2 茶匙，鹽 1/2 茶匙

芡汁料
鹽 1/4 茶匙、生粉水 1 湯匙

做法
① 所有材料洗淨，瀝乾水分。
② 雞胸肉切片，和帶子分別用醃料醃 30 分鐘。
③ 燒熱鑊，下油炒香蒜茸和薑片，加入雞肉翻炒一會，再加入其他材料，炒至帶子變色後加入芡汁料，煮滾即可。

西施炒帶子

材料

帶子 200 克，冬菇粒 80 克，蛋白 6 隻，鮮奶 350 毫升，炸米粉 50 克，蒜片，葱茸、芫荽碎、炸腰果粒各 1 湯匙

調味料

鹽 1/2 茶匙，糖 1/4 茶匙，生粉 1/2 茶匙，胡椒粉、麻油各適量

做法

① 帶子洗淨，汆水，盛起。

② 燒熱油鑊，爆香蒜片，下冬菇、葱茸略炒，轉慢火，加入蛋白、鮮奶和調味料拌勻，加入帶子拌勻，放在炸米粉上，再撒上芫荽碎和腰果粒即可。

雙冬炒扇貝

材料

扇貝 8 隻，冬筍 50 克冬菇（浸軟）4 朵，葱段蒜茸、薑茸各 1 茶匙

調味料

米酒 1 茶匙，鹽 1/2 茶匙上湯 1 湯匙，麻油適量

芡汁料

生粉 1 茶匙，水 2 湯匙

做法

① 扇貝去殼，去內臟，洗淨，汆水，瀝乾。

② 冬菇洗淨，去蒂，切半；冬筍洗淨，切片。

③ 燒熱油鑊，爆香葱段、薑茸、蒜茸，加入扇貝、筍片和冬菇迅速炒勻，加入調味料，勾芡，即可。

XO 醬炒蝦仁

材 料

中蝦 250 克
青燈籠椒 1 個
紅燈籠椒 1 個
蒜頭 3 粒
酒適量

醃 料

胡椒粉 1/2 茶匙
鹽 1/2 茶匙
雞蛋白 1/2 隻

調 味 料

蠔油 2 茶匙
XO 醬 1 茶匙
糖 1/2 茶匙
麻油 1/2 茶匙

做 法

① 蝦去殼去腸，洗淨，在背後剪開，
　加入醃料拌勻。
② 蒜頭去衣，洗淨剁茸。
③ 青、紅燈籠椒洗淨，去籽，切滾刀
　塊。
④ 燒熱鑊，下油約 1/2 湯匙，爆香
　蒜茸，下青、紅燈籠椒炒勻，再加
　入調味料，潷酒，下蝦仁炒至熟即
　可上碟。

水產類 蝦

TIPS

蝦洗淨後放水龍頭
下沖水 15 分鐘，用
廚房紙抹乾水分才
加醃料，再放雪櫃
中冷藏 1 小時，可
令蝦肉爽脆。

XO 醬麻婆蝦球

材 料

大蝦 320 克、布包豆腐 2 塊、毛豆肉 80 克、指天椒 2 隻

醃 料

鹽 1/4 茶匙、生粉 1/2 茶匙、胡椒粉少許

調 味 料

上湯 1/2 杯、豆瓣醬、XO 醬、鹽、生粉水各少許

做 法

① 蝦去殼和腸，洗淨，吸乾水分，加醃料醃 15 分鐘。

② 豆腐切粒，和毛豆肉一同汆水；指天椒洗淨，切絲。

③ 燒熱鑊，下油、豆瓣醬、XO 醬和上湯，煮滾後加入豆腐和毛豆，加入鹽略煮。

④ 加入蝦，炒熟後加入指天椒和生粉水，拌勻即成。

宮保蝦仁

材 料

蝦仁 200 克、西芹 80 克、花椒粒 2 湯匙、炸花生 2 湯匙、青、紅甜椒 1/2 個、蒜茸 2 茶匙、紅辣椒乾碎、豆瓣醬各 1 茶匙、米酒 1 茶匙

醃 料

生粉 1 湯匙、蛋白少許

調 味 料

上湯 2 湯匙、茄汁、蠔油、糖、老抽各 1 茶匙、白醋 2 茶匙、鹽少許

做 法

① 蝦仁去腸，洗淨，吸乾水分，用生粉醃一會，再加入少許蛋白抓勻。

② 西芹洗淨，切塊；青、紅甜椒洗淨，去籽，切塊。

③ 燒熱油鑊，爆香蒜茸、花椒粒、紅辣椒乾和豆瓣醬，再加入蝦仁、西芹、青甜椒、紅甜椒、花生炒香，灒酒，加調味料煮滾，拌勻即成。

龍井蝦仁

水產類 蝦

材料

蝦仁 150 克，龍井茶葉 3 克、雞蛋（打勻）3 隻，葱段 1 湯匙

醃料

蛋白 1 隻，鹽 1/4 茶匙，生粉 1/2 茶匙，胡椒粉少許

調味料

米酒 1 茶匙，鹽 1/4 茶匙，生粉 1 茶匙

做法

① 蝦洗淨瀝乾水分，加醃料醃 30 分鐘。
② 茶葉以沸水泡開，茶汁、茶葉留用。
③ 起油鑊，下蝦仁泡油，盛起，瀝油。
④ 再起油鑊，爆香葱段，加入蝦仁、雞蛋液、茶葉連汁，灒米酒，下調味料炒勻即可。

> **TIPS**
>
> 雖然龍井茶帶有清新甘香的味道，但份量不宜過多，否則菜式會有苦澀味。

咕嚕蝦球

材料

中蝦 12 隻，紅甜椒 1 個，青甜椒 1/2 個，菠蘿 1 片，雞蛋 1/2 隻，生粉適量，鹽 1/2 茶匙，胡椒粉少許

芡汁料

水 4 湯匙，白醋、茄汁、糖各 2 湯匙，生粉 1 茶匙，鹽 1/4 茶匙

做法

① 蝦去殼去腸，以生粉和鹽輕輕搓揉，洗淨，用胡椒粉醃 15 分鐘。
② 青、紅甜椒洗淨，去蒂去籽，切塊；菠蘿切件；芡汁料拌勻。
③ 拌勻蛋液，加入蝦肉拌勻，沾上適量生粉；燒熱油鑊，下蝦肉炸至呈金黃色，盛起瀝乾油分。
④ 再燒熱鑊，下油爆香青、紅甜椒，加入芡汁料，煮滾後加入蝦肉和菠蘿，拌勻即成。

椒鹽蝦 經典

材料
中蝦 450 克
辣椒 1 隻
蒜茸 3 湯匙
葱粒 2 湯匙
薑茸 2 茶匙
麵粉適量

醃料
生粉 2 茶匙
雞粉 1 茶匙
鹽 1/2 茶匙

調味料
淮鹽 1/2 茶匙

做法
① 中蝦去殼，背部剖開去腸，洗淨，瀝乾水分，以醃料醃 10 分鐘。
② 辣椒洗淨，去籽，切碎。
③ 麵粉放碟中，將中蝦撲上麵粉。
④ 燒熱鑊，下油約 1 湯匙，待油燒滾後卜中蝦煎至金黃盛起。
⑤ 再燒熱鑊，下油約 1/2 湯匙，爆香蒜茸、辣椒茸和薑茸，將中蝦回鑊，下調味料拌勻，撒下葱粒即可上碟。

炒

芝士炒蝦

材料

中蝦 200 克，蒜茸 2 湯匙、乾葱 2 粒，車打芝士碎 30 克，紅辣椒粉適量

醃料

生粉適量

芡汁料

淡奶 2 湯匙，蠔油、生粉水各 1 湯匙，水 3 湯匙

做法

① 中蝦洗淨，去殼和腸，吸乾水分，加生粉略醃；乾葱洗淨，去衣切片。

② 燒熱油鑊，爆香蒜茸和乾葱，加入蝦肉，炒熟後加入芝士碎和芡汁料，煮至芝士完全融化，在表面撒上紅辣椒粉，即可食用。

香汁乾燒蝦

材料

急凍中蝦肉 400 克
生粉 1/2 杯
紅辣椒絲適量
蛋白少許

芡汁料

叉燒醬 2 湯匙
蒜茸辣椒醬 1/2 湯匙
水 1 湯匙
糖 1 茶匙

做法

① 蝦肉解凍，去腸，洗淨，吸乾水分，用少許生粉和蛋白略醃。

② 在蝦肉表面沾上生粉，燒熱鑊，下油用慢火煎至熟透。

③ 加芡汁料，炒勻，加入紅辣椒絲即成。

花椒炒蝦

材料

蝦 400 克，芋頭 160 克，
花生 80 克，葱茸 1 湯匙，
花椒 1/4 茶匙、鹽少許

醃 料

糖 1/4 茶匙，米 酒 1/2
茶匙，生抽 1/2 茶匙，油
1/2 茶匙，麻油少許

做 法

① 蝦洗淨，剪去鬚和腳，挑去腸，瀝
乾水分。

② 芋頭去皮，刨成幼絲，下油鑊用中
火炸脆，撈起，撒上鹽，上碟，鋪
平；花生用中火炸脆，撒上鹽，放
芋絲上。

③ 熱鑊下油，下蝦炒香，盛起。

④ 熱鑊再下油，爆香葱茸、花椒，蝦
回鑊，瓚酒，加其他調味料炒勻，
放在芋頭絲及炸花生上，即可。

炒

雙冬炒蝦仁

材料

蝦仁 300 克，冬菇（浸
軟）10 朵，冬筍 50 克，
葱茸 1 湯匙

醃 料

蛋白 2 隻，生粉 1 茶匙，
水 2 湯匙

調 味 料

鹽 1/2 茶 匙，米 酒 1/2
茶匙，麻油適量

芡 汁 料

生粉 1 茶匙、水 2 湯匙

做 法

① 材料洗淨。蝦仁挑去腸，加醃料拌
勻。

② 冬菇去蒂，切半；冬筍洗淨，切片。

③ 燒熱油鑊，下蝦仁泡油，盛起，瀝
油。

④ 熱鑊留餘油，爆香葱茸，放入筍片
和冬菇炒勻，蝦仁回鑊，下調味
料，勾芡，即可。

芙蓉蝦仁

材料

蝦仁 200 克
蛋白 3 隻
生粉 1 茶匙
鹽 1 茶匙
胡椒粉少許

醃料

鹽 1/2 茶匙
胡椒粉少許
蛋白 1 茶匙

做法

① 蝦仁挑腸洗淨瀝乾,下醃料拌勻。
② 雞蛋白與生粉、胡椒粉拌勻成漿,
　 加鹽調味。
③ 燒熱鑊下油至七成熱,下蝦仁泡油
　 盛起。
④ 燒熱鑊下油加入②,快手下蝦仁拌
　 勻即可。

TIPS

蝦仁醃好後存放在雪櫃雪藏兩小時,可令
蝦仁更爽口彈牙。

蝦仁炒鮮奶

材料

青蝦仁 200 克
蛋白 4 隻
鮮奶 150 毫升
火腿茸 50 克
青豆 1 湯匙

醃料

鹽 1/2 茶匙
米酒 1/2 茶匙
蛋白 1 隻
生粉 1 茶匙
水 2 湯匙

做法

① 蝦仁洗淨，吸乾水分，下醃料拌勻。燒熱油鑊，下蝦仁泡油，盛起，瀝油。
② 鮮奶加入蛋白和調味料拌勻。
③ 油鑊燒至微熱，倒入鮮奶蛋白略炒，下蝦仁拌勻炒熟，撒上火腿茸和青豆即成。

炒

雪耳雞蛋炒蝦仁

材料

蝦仁 200 克
雪耳 20 克
雞蛋 5 隻
鹽適量

調味料

生抽、鹽各適量

做法

① 蝦仁去腸洗淨，用鹽搓洗乾淨；雪耳浸軟，去蒂，撕成小塊；雞蛋拌勻。
② 燒熱油鑊，加入蝦仁、雪耳和調味料，略炒，加入蛋液，炒至熟透即成。

淮山杞子毛豆炒蝦仁

材料

蝦仁 250 克
淮山 15 克
杞子 10 克
毛豆 200 克
紅、黃甜椒各 1 個
薑茸 1 湯匙

醃料

鹽、糖各 1/2 茶匙
胡椒粉、麻油各少許

調味料

生抽 1/2 湯匙
糖、生粉、鹽各適量

做法

① 材料洗淨,瀝乾水分;甜椒切粒;
　毛豆和甜椒汆水,過冷河。

② 淮山煮熟,加入杞子煲 5 分鐘,
　隔起 1/2 杯淮山汁待用。

③ 蝦仁去腸,洗淨後抹乾,加入醃料
　拌勻,置雪櫃中醃 20 分鐘,泡油。

④ 燒熱油鑊,爆香薑茸,加入所有材
　料炒勻,加入淮山汁和調味料,煮
　至汁液濃稠即成。

水產類 蝦

西蘭花炒鳳尾蝦

材料

大蝦 640 克
西蘭花 1 棵
蛋白 2 隻

調味料

酒、生抽、糖、麻油、粟
粉各適量

做法

① 大蝦去頭及背上的殼,尾殼保留,
　背部淺剟一刀,取出蝦腸,洗淨,
　用潔布抹乾水分,加蛋白、鹽、乾
　粟粉拌勻。

② 西蘭花洗淨,逐小朵切好,用上湯
　焯熟,放碟上。

③ 將蝦放入溫油內泡過,取出,原鑊
　留油少許,下蝦兜炒,下酒、生抽、
　糖,翻炒均勻,淋上少許醋及麻油
　即可盛在(2)之碟上。

黃金蝦 經典

材 料
基圍蝦 300 克
鹹蛋黃 3 隻
牛油 1 湯匙
生粉適量

醃 料
鹽 1/4 茶匙
胡椒粉少許

做 法
① 鹹蛋黃隔水蒸 10 分鐘，壓成茸待用。
② 基圍蝦洗淨，瀝乾，剪去蝦腳、蝦鬚。連殼剖開蝦背，去腸，用醃料醃 30 分鐘，在表面沾上生粉，燒熱油鑊，炸至呈金黃色。
③ 再燒熱鑊，煮融牛油，加入鹹蛋黃，略煮至起泡沫，加入炸蝦，炒至乾身即成。

炒

米酒青豆炒蝦仁

材 料
蝦仁 600 克，青豆 40 克，
葱粒 1 湯匙

醃 料
生粉 1 茶匙，鹽、糖各
1/4 茶匙，胡椒粉、麻油
各少許

調 味 料
米酒 2 湯匙，生抽 1 茶
匙，鹽、糖各 1/2 茶匙，
生粉水適量，胡椒粉少
許，麻油少許

做 法
① 青豆洗淨，瀝乾水分。
② 蝦仁去腸，洗淨，瀝乾水分，用醃
料醃 30 分鐘，泡油。
③ 燒熱油鑊，爆香葱粒，加入蝦仁和
青豆，炒至熟透，加入調味料即
成。

西芹海鮮粒

材 料
西芹 80 克，鮑魚粒 2 隻
（灼熟），鮮蝦粒 40 克
（灼熟），夏威夷果仁
40 克，甘筍花數片，薑
花數片，米酒 1 茶匙

調 味 料
XO 醬 1 湯匙，麻油少許

芡 汁 料
生粉 1 茶匙，清水 1 湯匙

做 法
① 西芹洗淨，撕去筋，切段，汆水備
用。
② 燒熱油鑊，下薑花，爆炒鮑魚粒、
蝦粒、西芹，潷酒，下調味料兜炒。
③ 加入甘筍花和果仁兜炒，勾芡即
成。

玫瑰蝦仁

材料

蝦仁 300 克，玫瑰花碎 1 茶匙，薑 2 片，玫瑰露酒適量，芫荽 1 棵

醃料

蛋白 2 茶匙，鹽 1/4 茶匙，胡椒粉少許，麻油少許

芡汁料

生粉 1/2 茶匙，水 1.5 湯匙

做法

① 蝦仁加入 1/2 茶匙鹽、2 茶匙生粉拌勻，再用清水洗淨，挑去蝦腸瀝乾。

② 加入醃料醃 10 分鐘，泡暖油至 3 成熟。瀝油。

③ 燒熱鑊下油少許，爆香薑片，下蝦炒至七成熟，潠酒及玫瑰花碎，棄薑片，勾芡即可，以芫荽伴碟。

砂鍋胡椒蝦

材料

蝦 450 克
蒜頭 6 粒
紅椒絲少許
黑胡椒 1 茶匙
魚露 2 茶匙
粗海鹽 1 茶匙
玫瑰露酒 2 茶匙

做法

① 蝦挑腸留殼洗淨。

② 蒜頭洗淨略拍。

③ 燒熱砂鍋，下油爆香蒜頭，加入蝦同爆，下魚露、粗海鹽、黑胡椒拌勻，潠玫瑰露酒。撒上紅椒絲便可。

翡翠明蝦球

材料

大蝦 480 克，西蘭花 160 克，薑茸、蒜茸各 1 茶匙，粗鹽 2 湯匙，麵粉 1 湯匙，薑汁酒 1 茶匙

醃料

鹽、糖各 1/2 茶匙，蛋白 1/2 隻，生粉 2 茶匙，胡椒粉、麻油各少許

調味料

鹽、糖各 1/4 茶匙，薑汁酒 1/2 茶匙，水 1/2 湯匙

做法

① 蝦去殼，留尾部，沿背部稍剞開，挑去蝦腸，用粗鹽和麵粉搓洗多次，洗淨，瀝乾水分，加醃料拌勻約 20 分鐘，泡嫩油，盛起。
② 西蘭花洗淨，切小朵，汆水。
③ 起油鑊，灒薑汁酒，下西蘭花炒熟後上碟圍邊。
④ 再燒熱鑊，下油爆香薑茸、蒜茸，倒入蝦球，加入調味料，以猛火炒勻，上碟即成。

蝦仁叉燒炒滑蛋

材料
蝦仁 80 克，叉燒（切粒）160 克，雞蛋 4 隻，葱（切度）1 茶匙，麻油少許

醃料
鹽 1/4 茶匙，生粉 1/3 茶匙，蛋白 1/2 茶匙，胡椒粉少許

調味料
魚露 1 茶匙，鹽 1/4 茶匙，胡椒粉少許，油 1 湯匙

做法
① 蝦仁挑腸，洗淨瀝乾。加入醃料拌勻，泡暖油，瀝油備用。
② 雞蛋打勻，加入調味料、蝦仁和叉燒粒拌勻。
③ 燒熱鑊，下油 1 湯匙，將（2）炒勻，撒下葱段，淋上麻油即可。

腰果蝦仁

材料
腰果 160 克，中蝦 480 克，紅蘿蔔 8 片，西芹 2 條

醃料
鹽、生粉各 1 茶匙，胡椒粉少許

芡汁料
粟粉 1 茶匙，水 2 湯匙

做法
① 中蝦洗淨剝殼，加醃料醃過；腰果在鹽水中滾過，撈出瀝乾水，放沸油中炸香。
② 西芹切片，與紅蘿蔔片分別放入沸水中焯至熟。
③ 起油鑊，下蝦仁炒過，下其餘配料，以水溶粟粉勾芡，兜勻上碟。

炒

白雪鮮蝦仁

材料

醃過蝦仁 320 克
淡奶 160 毫升
蛋白 160 克
粟粉 1 湯匙

調味料

鹽 1 茶匙

做法

① 將材料（除蝦仁外）放入碗內調勻候用。
② 猛火起鑊，用文火將蝦仁泡油後，撈起去油，倒在（1）內。
③ 猛火起鑊，文火把（2）倒入炒勻，炒至成堆形狀，即可上碟。

清炒小龍蝦

材料

小龍蝦 500 克
葱絲、薑絲、芫荽段各 1 湯匙

調味料

鹽 1/2 茶匙
糖 1/4 茶匙
生抽 1/2 茶匙
醋 1/2 茶匙

麻油適量

做法

① 小龍蝦劏好，洗淨，汆水，瀝乾。
② 燒熱油鑊，下小龍蝦泡油，盛起，瀝油。
③ 再起油鑊，爆香葱絲、薑絲，加入小龍蝦，下調味料拌勻，撒上芫荽段，即可。

蟹黃炒鮮奶

材 料
膏蟹 1 隻
牛奶 1 杯
蛋白 5 隻
粟粉 1 湯匙
鹽 1/4 茶匙

調 味 料
浙醋 2 湯匙
薑茸 1 茶匙
胡椒粉少許

做 法
① 膏蟹洗淨，蒸熟，拆肉起膏。
② 拌勻牛奶、蛋白、粟粉和鹽，加入蟹肉和蟹膏，拌勻。
③ 燒熱油鑊，加入蟹黃牛奶，用木杓輕輕向前推，重複動作至牛奶凝固，盛起，加入調味料，即可食用。

炒

薑葱炒花蟹

材料

花蟹 4 隻（約 600 克），薑片、葱段、蒜茸各 1 湯匙，生粉、酒各適量，上湯 2 湯匙

調味料

鹽 1/4 茶匙、生抽 1/2 茶匙、生粉 1/2 茶匙、米酒 1/2 茶匙、油 1/2 茶匙、麻油、胡椒粉各少許

芡汁料

生粉 1/2 茶匙
水 2 湯匙

做法

① 花蟹劏好，洗淨，瀝乾水分。
② 燒熱油鑊，把花蟹撲上少許生粉，用中高油溫炸香，盛起。
③ 再燒熱油鑊，爆香薑片、葱段、蒜茸，加入花蟹，灒酒和上湯，下調味料，勾芡即可。

豉汁炒蟹

材料

蟹 600 克，蒜茸、薑茸、紅辣椒茸、豆豉茸各 1 湯匙，上湯 150 毫升

調味料

鹽 1/2 茶匙
麻油、胡椒粉各少許

芡汁料

生粉 1/2 茶匙
水 2 湯匙

做法

① 蟹劏好，洗淨，切件。
② 燒鑊下油，下蟹件泡油至熟，盛起，瀝油。
③ 燒熱油鑊，爆香蒜茸、薑茸、紅辣椒茸、豆豉茸，蟹件回鑊，注入上湯，下調味料，勾芡，炒勻即成。

薑葱炒蟹

材料

肉蟹 2 隻
薑 10 片
葱 10 棵
蒜頭 5 粒
生粉 2 湯匙
米酒 2 茶匙

調味料

胡椒粉 1 茶匙
鹽 1/2 茶匙
糖 1/3 茶匙

做法

① 肉蟹劏好，洗淨切件，瀝乾水分。
② 葱洗淨，切去根部和尾部，切段。
③ 生粉放碟中，將肉蟹撲上生粉。
④ 燒熱鑊，下油約 1 碗，待油燒滾後下肉蟹走油至 7 成熟，取出並用廚房紙稍吸去油分。
⑤ 再燒熱鑊，下油約 1/2 湯匙，爆香薑片和葱段，將蟹回鑊，加調味料，潷酒，拌勻即可上碟。

TIPS

肉蟹撲上生粉才走油，可鎖住蟹的肉汁。

炒

年糕炒蟹

材料

蟹 3 隻（約 300 克），上海年糕片 200 克，葱段、薑片各 1 湯匙，上湯 200 毫升，生粉適量

調味料

老抽 1/2 茶匙，蠔油 1 茶匙，糖 1/4 茶匙，鹽 1/4 茶匙，生粉 1/2 茶匙，米酒 1/2 茶匙，胡椒粉、麻油各少許

芡汁料

生粉 1/2 茶匙，水 2 湯匙

做法

① 蟹劏好，洗淨，切件，撲上生粉，燒熱鑊下油，下蟹件泡油至八成熟，盛起，瀝油。

② 年糕浸透，用油鑊略煎，煮至軟身。

③ 燒熱油鑊，爆香葱段、薑片，下年糕片拌勻，將蟹回鑊，潷酒，炒勻，下調味料及上湯煮滾，勾芡即成。

酸辣炒蟹

材料

肉蟹 2 隻，蒜肉、葱頭各 4 粒，薑 4 片，生粉 4 湯匙，紹酒 1 湯匙

調味料

紅醋 1/2 杯，辣椒醬 2 湯匙，辣椒油、生抽各 1 湯匙，糖 2 茶匙，生粉 1 茶匙，胡椒粉少許

做法

① 肉蟹劏洗淨，瀝乾水分，斬件，抹上生粉，泡油至乾身，瀝乾油分待用。

② 燒熱鑊，下油爆香蒜肉、葱頭、薑片，加入蟹件炒勻，潷酒，加入調味料，煮至汁液濃稠即可。

胡椒炒蟹

材料

肉蟹 2 隻
薑片 120 克
葱段 100 克
葱頭 4 粒
蒜頭 4 粒
辣椒 3 隻
鮮胡椒 50 克
米酒 2 茶匙
麵粉適量

醃料

魚露 1/2 茶匙

調味料

糖 1 茶匙
鹽 1/2 茶匙

做法

① 肉蟹劏好，洗淨切件，瀝乾水分，加入醃料醃 10 分鐘。

② 葱頭、蒜頭洗淨，去衣，用刀略拍。辣椒洗淨，去籽，切碎。

③ 麵粉放碟中，將肉蟹撲上生粉。

④ 燒熱鑊，下油約 1 碗，待油燒滾後下肉蟹走油至 5 成熟，取出並用廚房紙稍吸去油分。

⑤ 再燒熱鑊，下油約 1/2 湯匙，爆香薑片、葱段、葱頭、蒜頭、辣椒和鮮胡椒，將肉蟹回鑊，炒至香味溢出，潷酒，加入調味料拌勻，蓋鑊蓋焗 5 分鐘。

⑥ 放下葱段拌勻即可上碟。

TIPS

白鑊炒香胡椒粒，將其中 1/3 壓碎，味道會比較濃郁。

珊瑚翡翠玉帶子

材料
帶子 200 克，珊瑚蚌 120 克，西蘭花 240 克，上湯 2 杯，蒜片 1 茶匙，薑 6 片，紅蘿蔔 6 片，酒 1 茶匙

調味料
生粉 1/4 茶匙，上湯 1/4 杯，鹽 1/4 茶匙，麻油 1 茶匙

醃料
蛋白 1 茶匙、生粉 1/2 茶匙、鹽 1/2 茶匙

做法
① 材料洗淨。西蘭花切小朵，用上湯煨 2 分鐘，瀝乾汁液，排放碟上。
② 帶子、珊瑚蚌加入醃料醃 15 分鐘，汆水過冷河，瀝乾。
③ 燒熱鑊，爆香蒜片、薑片、紅蘿蔔片，潷酒，下帶子和珊瑚蚌，加入調味料炒勻，上碟即可。

水產類 珊瑚蚌

鹽爆如意蚌

材料
急凍珊瑚蚌 200 克
大豆芽 160 克
薑 1 片
蒜茸 1 茶匙

調味料
鹽 2 茶匙
黑、白胡椒粉各 1/2 茶匙

做法
① 珊瑚蚌解凍，洗淨；大豆芽去根洗淨，瀝乾水分。
② 拌勻調味料，分成 3 份，2 份作蘸料，1 份作調味用。
③ 燒熱鑊，下油爆香薑片，加入大豆芽，用猛火炒至軟身，盛起，隔去多餘汁液，棄掉薑片。
④ 再燒熱鑊，下油爆香蒜茸，加入珊瑚蚌炒至捲曲，加入大豆芽和調味料，快炒均勻，盛起，伴蘸料同食。

鮮百合西芹珊瑚蚌

材料

珊瑚蚌 200 克，鮮百合 1 個，西芹 160 克，薑 4 片，蒜片、乾葱頭片各 1 茶匙，上湯 3 湯匙，紹酒 1 湯匙

調味料

魚露、蠔油各 1 湯匙
胡椒粉、麻油各少許

芡汁料

生粉 2 茶匙，水 3 茶匙

做法

① 珊瑚蚌洗淨，用少許鹽、胡椒粉稍醃，汆水。

② 鮮百合洗淨，摘瓣；西芹撕去筋切條。

③ 燒熱油鑊，下薑片、蒜片，乾葱頭爆香，放入珊瑚蚌、鮮白合、西芹，濽酒，落上湯及調味料，快手兜抄至熟，勾芡，即可上碟。

鮮百合蝦仁珊瑚蚌

材料

珊瑚蚌 200 克，急凍蝦仁 200 克，蜜糖豆 300 克（摘淨），鮮百合 1 個（撕開），蒜片 1 粒、薑片 4 片，乾葱片 6 片

調味料

上湯 3 湯匙、魚露 2 茶匙、麻油及胡椒粉少許、生粉 1 茶匙

做法

① 珊瑚蚌用少許食鹽、胡椒粉及麻油拌勻醃味備用。蝦仁洗淨、抹乾身，用少許生粉、食鹽、麻油及胡椒粉醃味備用。

② 珊瑚蚌汆水片刻，取出備用。蝦仁下鑊煎至略熟，取出備用。

③ 下蜜糖豆於乾鑊烘炒片刻，加入少許油及清水炒至略熟，取出備用。

④ 下蒜片、薑片及乾葱片炒香，放回珊瑚蚌、蝦仁、蜜糖豆及鮮百合炒合，注入調味料快速兜勻，上碟即成。

炒

珊瑚蚌炒蜜糖豆

材 料

珊瑚蚌 180 克
蜜糖豆 150 克
芹菜 2 棵
中蝦 8 隻
乾葱茸 2 茶匙
薑米 1 茶匙
米酒 2 茶匙

醃 料

胡椒粉 2 茶匙
生粉 1/2 茶匙
雞粉 1/4 茶匙

芡 汁

蠔油 1.5 湯匙
生粉 2 茶匙
麻油 1/2 茶匙
雞粉 1/2 茶匙
水 3 湯匙

做 法

① 珊瑚蚌洗淨，瀝乾水分備用。
② 蜜糖豆洗淨，摘去兩邊根莖，汆水備用。
③ 芹菜洗淨，切去根部和葉，切段。
④ 中蝦洗淨，去殼去腸，放水龍頭下沖 10
   分鐘，瀝乾水分。加醃料拌勻，放雪櫃
   中 1/2 小時。
⑤ 燒熱鑊，下油約 1/2 湯匙，爆香薑米和
   乾葱茸，加入中蝦和珊瑚蚌略炒，潷酒，
   炒至香味溢出。
⑥ 芡汁放碗中拌勻，下芡汁煮滾，再放蜜
   糖豆和芹菜，炒至芡汁稍收乾即可上碟。

TIPS

蜜糖豆要汆水
去除草青味，
炒時不要炒得
太腍味道才好。

薑絲炒蟶子

材料

蟶子 320 克
薑絲、紅辣椒絲各 1 湯匙

調味料

米酒 1 湯匙
鹽 1/2 茶匙
糖 1/4 茶匙

做法

① 將蟶子洗淨，放入淡鹽水中浸 30 分鐘，使其吐出泥沙，瀝乾。

② 燒熱油鑊，爆香薑絲，瓚米酒，倒入蟶子炒勻，加入紅辣椒絲，下調味料，加蓋煮滾即可。

辣椒膏炒花蛤

材料

花蛤 600 克
九層塔 10 克
紅辣椒 1 隻
蒜茸 1 茶匙
淡奶 1 湯匙

調味料

辣椒膏 1 湯匙
魚露 1 湯匙
糖 1 茶匙
蠔油 1 湯匙

做法

① 紅辣椒洗淨，切圈；九層塔洗淨，切段。

② 花蛤用淡鹽水浸 30 分鐘，洗淨後汆水。

③ 熱鑊下油，爆香紅椒圈和蒜茸，加入調味料，倒入花蛤，加適量水炒至花蛤熟透，下九層塔和淡奶炒透，上碟。

炒

葱白炒田螺

材料

田螺 600 克
葱白粒 2 湯匙
薑絲、蒜茸各 1 湯匙
紅辣椒絲適量
紹酒 1 湯匙

調味料

生抽 1 湯匙
糖 1 茶匙
鹽 1/2 茶匙
胡椒粉、麻油各少許

做法

① 田螺洗淨，把尖銳部分剪去，汆水，瀝乾水分。
② 燒熱油鑊，爆香薑絲、蒜茸和紅辣椒絲，加入田螺和葱白粒，讚酒，炒至熟透後加入調味料，拌勻即可。

冬筍炒田雞

材料

田雞 600 克
冬筍 240 克
葱段 3 湯匙
蒜茸 2 湯匙

醃料

生抽 2 茶匙
鹽、薑汁、紹酒、生粉各 1 茶匙
麻油 1/2 茶匙
胡椒粉少許

調味料

蠔油 2 湯匙
糖 1 茶匙
麻油 1/2 茶匙

做法

① 田雞洗淨，切塊，用醃料醃 20 分鐘，泡油，瀝乾油分。
② 冬筍去皮，切條，汆水 10 分鐘，瀝乾水分，泡油。
③ 燒熱油鑊，爆香蒜茸，加入其他材料和調味料，炒至熟透，即可食用。

象拔蚌炒西蘭花

材料

西蘭花 1 棵
象拔蚌 200 克
蒜茸 1 茶匙
薑汁 1 茶匙

芡汁

清雞湯 3 湯匙，生抽 2 茶
匙，生粉 1 茶匙，糖 1/2
茶匙，麻油少許

做法

① 象拔蚌切薄片。

② 西蘭花洗淨，切細。

③ 燒熱 1 鍋水，下 1 湯匙油，放西
   蘭花飛水，瀝乾。

④ 燒熱 2 湯匙油，爆香蒜茸，下象
   拔蚌快手兜炒，再加入薑汁和西蘭
   花，下芡汁炒勻便可上碟。

炒

蜜糖豆炒象拔蚌

材料

象拔蚌 3 隻
蜜糖豆 200 克
薑茸、蒜頭各 1 湯匙

調味料

上湯 2 湯匙
紹酒、生抽各 1 湯匙
胡椒粉、麻油各少許

做法

① 蜜糖豆洗淨，瀝乾水分。
② 象拔蚌開殼，除去內臟，洗淨後切片，汆水，過冷河，瀝乾水分。
③ 燒熱油鑊，爆香薑茸和蒜茸，加入蜜糖豆炒勻，加入象拔蚌片和調味料，炒至熟透即成。

泡椒墨魚仔

材料

墨魚仔 300 克
泡辣椒 3 隻
薑片、唐芹段、葱段、蒜片各 1 湯匙
米酒 3 茶匙
泡薑 2 片

調味料

上湯 100 毫升
鹽 1/2 茶匙
胡椒粉、紅油各適量

芡汁料

生粉 1/2 茶匙
水 2 湯匙

做法

① 墨魚仔放入加了米酒、葱、薑的沸水中汆水。
② 燒熱油鑊，爆香泡辣椒、薑片、蒜片、葱段、唐芹，灒米酒，加入調味料，下墨魚仔炒熟，勾芡，即可。

爆墨魚花

材料

鮮墨魚 500 克
蒜茸、葱茸、薑茸各 1 湯
匙

調味料

米酒 1 茶匙
上湯 2 湯匙
鹽 1/2 茶匙
胡椒粉適量

做法

① 墨魚洗淨，去膜去衣，切成兩半，
   剞上花刀，切成長方塊。
② 墨魚汆水至半熟，盛起。
③ 燒熱油鑊，加入墨魚炒成捲筒狀，
   盛起。
④ 鑊留餘油，爆香蒜茸、葱茸和薑
   茸，放入墨魚，下調味料煮滾，勾
   芡，便可。

台式炒花枝

材料

墨魚（花枝）1/2 隻
芹菜 160 克
蒜茸 1/2 茶匙
紅辣椒少許
生粉水 1 湯匙

調味料

鹽 1/2 茶匙
糖 1/4 茶匙
麻油 1/2 茶匙
胡椒粉少許

做法

① 墨魚洗乾淨，剞花、切片；芹菜去
   葉，洗淨，切段，備用。
② 燒熱水，汆燙墨魚片，然後用冷水
   沖洗至涼透，備用。
③ 熱鑊下油，爆香蒜茸，加入芹菜
   段、墨魚片，用慢火炒 2 分鐘，
   加入調味料拌勻，最後用生粉水
   勾芡。

炒

韭菜沙葛炒蜆米

材料

沙葛 1/2 個
韭菜 200 克
蜆米 150 克
蒜茸 1 湯匙

調味料

鹽 1/2 茶匙
胡椒粉 1/2 茶匙
糖 1/3 茶匙

做法

① 韭菜洗淨，切去老梗，切段。
② 沙葛去皮，洗淨切條。
③ 蜆米洗淨，瀝乾水分。
④ 燒熱鑊，下油約 1/2 湯匙，爆香蒜茸，加入沙葛和蜆米略炒，下調味料和少許水拌勻，蓋好焗片刻。
⑤ 最後加入韭菜略炒勻即可。

TIPS

沙葛有季節性，如買不到可改用豆腐乾或馬蹄。

沙嗲炒蜆

材料

蜆 600 克
洋葱 80 克
蒜茸 1 湯匙
葱 20 克

調味料

沙嗲醬 1 湯匙
砂糖 1 茶匙
鹽 1/4 茶匙

做法

① 洋葱洗淨，切絲；葱切段。
② 蜆以鹽水浸至吐沙，洗淨，瀝乾水分。
③ 燒熱油鑊，爆香洋葱、蒜茸和葱段，加入蜆略炒，加入調味料，煮至汁液濃稠。

豉椒炒蜆 經典

材料

蜆 600 克
豆豉茸、蒜茸各 1 湯匙
薑絲、紅辣椒絲各 1 湯匙
豆瓣醬 1 湯匙
酒 1 湯匙

調味料

蠔油 1 湯匙
鹽 1/4 茶匙
糖 1 茶匙
生粉 2 茶匙
老抽 1 湯匙
胡椒粉、麻油各少許
水 1/2 杯

做法

① 蜆放淡鹽水中浸數小時，使其吐泥沙，瀝乾；汆水，置水喉下沖淨沙泥後瀝乾。
② 燒熱油鑊，爆香蒜茸、豆豉茸、薑絲和豆瓣醬，即下蜆炒勻，濽酒，加調味料，炒至汁液收濃稠，加入紅辣椒絲，炒勻後上碟。

炒

蠔油炒蜆

材 料

蜆 600 克
蔥茸 2 湯匙
豆豉、蒜茸各 1 湯匙
薑茸 1 湯匙
紅辣椒絲 1/2 茶匙
九層塔適量

調 味 料

蠔油 3 湯匙
紹酒 1 湯匙

做 法

① 蜆以鹽水浸至吐沙，洗淨，瀝乾水分。
② 九層塔洗淨，瀝乾水分。
③ 拌勻蔥茸、蒜茸、薑茸和紅辣椒絲。
④ 燒熱鑊，下油爆香豆豉，加入其他材料（九層塔除外），蓋上蓋用中火煮 1 分鐘，開蓋加入調味料，轉猛火炒至蜆殼全部打開，加入九層塔炒勻即可。

辣炒魷魚絲

材 料

鮮魷魚 300 克
京蔥 1 條
紅辣椒 6 隻

調 味 料

米酒 1 茶匙
鹽 1/4 茶匙
上湯 1 湯匙
生抽 1/2 茶匙
醋 1/4 茶匙
麻油少許

芡 汁 料

生粉 1/2 茶匙
水 2 湯匙

做 法

① 魷魚洗淨，去膜去衣，切絲。
② 紅辣椒洗淨，去蒂、去籽，切成幼絲；京蔥切碎。
③ 燒熱油鑊，爆香紅辣椒絲，下魷魚絲及鹽翻炒片刻，下酒、生抽、醋炒勻，倒入上湯煮滾，勾芡，放入京蔥碎、淋上麻油即可。

豉椒炒鮮魷 經典小菜

材料

鮮魷魚 500 克
西芹 100 克
蒜茸 2 茶匙
乾葱 4 粒
青椒 1 隻
紅燈籠椒 1 隻
豆豉 1 湯匙
米酒 2 茶匙

調味料

蠔油 2 茶匙
麻油 1/2 茶匙
生粉 1/2 茶匙
糖 1/4 茶匙
水 4 湯匙

做法

① 鮮魷魚洗淨，撕去薄膜和除去內臟，剔花。
② 西芹洗淨，撕去老根。
③ 青椒和紅燈籠椒洗淨，去籽，切件。乾葱洗淨，去衣，用刀略拍。
④ 豆豉略為壓茸，放碗中，加少許水開勻。
⑤ 燒熱鑊，下油約 1/2 湯匙，爆香蒜茸、乾葱、豆豉，加入鮮魷炒勻，潛酒，炒片刻即加入西芹、青椒、紅燈籠椒和調味料炒勻即可上碟。

炒

TIPS

鮮魷魚剔花要在魷魚的肚內一面剔，剔十字時刀和鮮魷魚要成斜角 45 度，先橫剔，再直剔。

宮保魷魚卷

材料

水發魷魚 2 隻
紅辣椒乾 8 隻
薑茸、花椒粒、蒜茸各 1
湯匙，炸花生 2 湯匙

調味料

生抽 1 茶匙，米酒 1/2
茶匙，糖 1/4 茶匙，醋
1/2 茶匙，生粉 1 茶匙，
鹽 1/2 茶匙，麻油適量

做法

① 魷魚洗淨，去膜去衣，切成兩半，剁上花刀，切成菱形塊狀。
② 辣椒乾洗淨，切段。
③ 燒熱油鑊，加入魷魚炒成捲筒狀，盛起。
④ 鑊留餘油，放入辣椒乾段、薑茸、蒜茸、花椒粒、花生和調味料爆香，用猛火煮至濃稠後，倒入魷魚卷迅速拌炒，即可。

豉椒鮮魷

材料

鮮魷魚 480 克
西芹 120 克
蒜茸 1 湯匙
乾葱片 1/2 湯匙
青、紅甜椒各 1 個
豆豉 1 湯匙
酒 1.5 茶匙

汁料

糖、鹽各 1/4 茶匙，蠔油
1 茶匙，麻油少許，生粉
1/2 茶匙，水 3 湯匙

做法

① 鮮魷洗淨，剁花，切件，汆水，瀝乾。
② 西芹、青紅甜椒洗淨，切件。
③ 燒熱油鑊，爆香蒜茸、乾葱片、西芹和青紅甜椒，放入豆豉和鮮魷，潷酒，倒入汁料煮滾即成。

沙嗲醬爆魷魚圈

材料

鮮魷魚 480 克
洋葱 1/2 個
青、紅甜椒各 1 個
乾葱茸、蒜茸各 1 茶匙
沙嗲醬 1 湯匙

調味料

生抽 1 湯匙
糖 1/4 茶匙

做法

① 魷魚洗淨後切圈，汆水，瀝乾。
② 青、紅甜椒洗淨，去籽，切條；洋葱洗淨，去衣，切條。
③ 燒熱鑊，下油爆香乾葱茸、蒜茸、洋葱、青紅甜椒和沙嗲醬，加入調味料和魷魚圈，快炒拌勻，即可。

炒

西芹雙魷

材料

鮮魷 1 隻（約 640 克）
土魷 1 隻
西芹 1/3 棵
薑絲 1 湯匙
蒜片 1 湯匙
紅辣椒 1/2 隻

調味料

糖 1/2 茶匙
紹酒 1/2 茶匙
鹽 1 茶匙

做法

① 土魷先浸發透。
② 鮮魷及土魷洗淨、去外膜，剔十字花紋，再切成 2 厘米寬長條狀，汆水後瀝乾水備用。
③ 西芹去筋膜，斜切片備用，紅辣椒斜切片。
④ 燒油 2 湯匙，將蒜片、辣椒爆香，再加入西芹、魷魚、薑絲快速炒數下，加入調味料便可。

煮

瑤柱草菇燴冬瓜

材料
冬瓜 640 克
草菇 320 克
瑤柱（浸軟
撕碎）4 粒
薑 3 片
上湯（連瑤柱汁）1/2 杯
白酒少許

調味料
鹽 1/2 茶匙
生抽 1 茶匙
糖 1/2 茶匙

芡汁料
生粉 1/2 茶匙
水 2 湯匙

做法
① 冬瓜洗淨，去皮，去瓤，切塊。
② 草菇洗淨，切半，汆水，瀝乾水分。瑤柱連浸水蒸 10 分鐘。
③ 燒熱油鑊，爆香冬瓜，加入瑤柱及浸汁和上湯，加蓋燜煮 20 分鐘，盛起。
④ 起油鑊，爆香薑片、草菇，灒酒，加入冬瓜、瑤柱，炒勻，下調味料，勾芡便可。

TIPS
浸發瑤柱時先把較硬的「枕」撕去。

上湯帶子煮冬瓜

材料

帶子 8 粒、冬瓜 300 克、薑 3 片、葱 1 條、上湯 1 杯

調味料

鹽、米酒各 1 茶匙
麻油適量

芡汁料

生粉 1 茶匙、水 3 湯匙

做法

① 帶子洗淨，瀝乾水分。
② 冬瓜去皮、去瓤，洗淨，切塊，汆水，瀝乾水分；葱洗淨，切段。
③ 燒熱油鑊，爆香薑片、葱段後棄去，加入所有材料，燒滾後撇去浮沫，改用慢火煮透，加入調味料，勾芡，即可。

冬瓜茸燴鮮蝦

材料

冬瓜 300 克、蝦仁 200 克、蛋白（打勻）1 隻、薑 2 片、上湯 2 湯匙

醃料

鹽 1/2 茶匙、胡椒粉少許

調味料

鹽 1/2 茶匙、米酒 1 茶匙、麻油、胡椒粉各適量

芡汁料

生粉 1 茶匙、水 2 湯匙

做法

① 冬瓜去皮，洗淨，剁成茸或以攪拌機打成茸，加入薑片蒸熟，棄去薑片。
② 蝦仁去腸洗淨，瀝乾，加入醃料拌勻。
③ 燒熱油鑊，下冬瓜茸，加入米酒、鹽和上湯煮滾，撇去浮沫，加入蝦仁，勾芡，加入蛋白液，收乾汁料，加入胡椒粉、麻油即可。

蟹肉扒冬茸

材料

冬瓜 600 克
上湯 2 杯
蟹肉 1/2 杯
火腿茸 3 湯匙

———

調味料

熟油 2 湯匙
紹酒 1 茶匙
鹽 1/2 茶匙
胡椒粉少許

做法

① 冬瓜洗淨，用湯匙取出冬瓜肉，壓成茸。

② 用武火煲滾上湯，加入冬瓜茸，蓋上蓋，轉文火煮 20 分鐘，加入蟹肉、火腿茸和調味料，拌勻，再煮 5 分鐘即成。

南瓜燴雞

材料

南瓜 240 克
雞肉 200 克
紅辣椒 1/2 隻
葱 1 條

醃料

蠔油 1 湯匙
麻油、生粉各 1 茶匙

芡汁料

蠔油 2 湯匙
生粉 1/2 茶匙
水 1/2 杯

做法

① 所有材料洗淨，瀝乾水分。

② 雞肉切塊，用醃料醃 15 分鐘。

③ 南瓜去皮去瓤，切塊；紅辣椒去蒂，切段；葱切段。

④ 燒熱鑊，下 2 湯匙油爆香葱和紅辣椒，加入雞肉，炒至呈金黃色，加入南瓜和芡汁料，拌勻後蓋上蓋煮至材料熟透。

雜錦南瓜盅

材料

日式小型南瓜 2 個
番茄 1 個
字母粉 20 克
火腿 2 片
粟米粒 3 湯匙
蒜茸 1 湯匙

調味料

脫脂奶 1/2 杯
鹽 1/3 茶匙
胡椒粉少許

做法

① 南瓜洗淨，切去頂部，起肉，外殼待用。
② 番茄洗淨去蒂，去籽；火腿切小粒；字母粉用水煮熟，瀝乾水分。
③ 燒熱油鑊，爆香蒜茸，加入番茄、火腿和粟米粒略炒，加入字母粉，炒 3 分鐘後盛起。
④ 把南瓜肉煮脸，壓成茸，加入其他材料和調味料，煮至汁液濃稠，放回南瓜盅內即成。

粉絲節瓜燜柴魚

材料

節瓜 480 克
粉絲 40 克
柴魚 40 克
薑 2 片
葱花 1 湯匙

調味料

蠔油 1 湯匙
鹽 1 茶匙

做法

① 柴魚剪粗條，用水浸 10 分鐘，取出瀝乾水分。
② 節瓜刮皮、切粗條；粉絲剪短度。
③ 燒油少許，爆香薑片和柴魚。
④ 下節瓜爆炒片刻，加入調味料和適量水燜至節瓜將稔，加入粉絲再燜片刻，加入葱花，即可。

瑤柱蟹扒節瓜脯

材料

瑤柱 9 粒
熟蟹肉 80 克
節瓜 3 個
金華火腿絲適量
薑 3 片
上湯 1/2 杯

醃料

糖 1 茶匙
胡椒粉適量
酒適量

芡汁料

蠔油 1 湯匙
生粉 1 茶匙
鹽 1 茶匙
水 1 湯匙

做法

① 瑤柱用水浸軟,水留用,加醃料蒸腍。

② 節瓜刮皮,洗淨,切段去瓤,泡暖油。

③ 把瑤柱和蟹肉釀入節瓜內。

④ 加入上湯、瑤柱水和薑片燉至軟,加入芡汁料勾芡,灑上金華火腿絲即可。

冬菇肉絲燜節瓜

材料

節瓜 400 克
豬瘦肉 40 克
薑絲 1 片
瑤柱（浸軟、撕碎）1 粒
冬菇 2 朵

醃料

生抽 1/4 茶匙
生粉 1 茶匙
辣麻油、胡椒粉各少許

調味料

上湯 1 杯、蠔油 1 茶匙
鹽 1/4 茶匙

芡汁料

生粉 1/2 茶匙
水 2 湯匙

做法

① 節瓜刮皮，洗淨，斜切，下油鑊，泡油至令黃。
② 豬瘦肉洗淨，切絲，加醃料醃 15 分鐘，泡嫩油；冬菇浸軟，去蒂，切絲。
③ 燒熱油鑊，爆香薑絲、瑤柱、冬菇，下調味料煮滾，放入節瓜，用慢火燜至腍軟，肉絲回鑊，勾芡，即可。

竹笙雲耳煮節瓜 素

材料

竹笙 20 條
雲耳 20 克
節瓜 1 個、鮮冬菇 5 朵
蒜茸、薑絲各 1 茶匙
上湯 2 杯

調味料

素蠔油、生粉水各 1 湯匙

做法

① 所有材料洗淨；竹笙浸軟，切去頭尾；雲耳浸軟，切去硬塊；節瓜刮皮，切件；鮮冬菇去蒂切粒。
② 燒熱油鑊，爆香蒜茸和薑絲，加入上湯，煲滾後加入其他材料，蓋上蓋煮 30 分鐘，加入調味料，拌勻即成。

水煮釀涼瓜

材料
涼瓜 1 個
鯪魚肉 240 克
蝦米 2 湯匙
蒜頭 5 粒、水 2 杯

醃料
生粉 1/2 茶匙
鹽 1/4 茶匙、胡椒粉少許

調味料
蠔油、老抽、糖各 1 茶匙
鹽 1/3 茶匙

芡汁料
生粉 1 茶匙
水 2 湯匙

做法
① 蝦米洗淨，浸軟，剁碎；加入鯪魚肉，拌勻，然後加入醃料，大力攪成魚膠。
② 涼瓜洗淨，去籽，切成環形。
③ 涼瓜內側抹少許生粉，釀入鯪魚膠。
④ 煮滾水，加入蒜頭和釀涼瓜，再滾後煮 15 分鐘，加入調味料拌勻，再加入芡汁料，煮至汁液濃稠即可。

涼瓜煮蜆肉

材料
鮮蜆肉 300 克
涼瓜 1 個、蒜茸 1 湯匙

調味料
米酒 1/2 茶匙
薑汁 1 茶匙、鹽適量

汁料
糖 1/4 茶匙
米酒 1/2 茶匙
薑汁 1 茶匙、鹽適量

做法
① 涼瓜洗淨，切開，去籽，汆水，泡浸冷水中，切片。
② 蜆肉洗淨，瀝乾水分。
③ 燒熱油鑊，爆香蒜茸，下蜆肉，加調味料炒勻，盛起。
④ 涼瓜片和汁料加入砂鍋中煮滾，下蜆肉，注入適量水，煮至湯汁收濃即可。

蔬果類 涼瓜 菠菜

金銀蛋煮菠菜

材料

菠菜 300 克
皮蛋、鹹蛋各 1 隻
蝦乾 1 湯匙
薑 3 片
蒜茸 1 茶匙
水 1 量杯

芡汁料

生粉 1 茶匙
清水 2 湯匙

做法

① 所有材料洗淨；菠菜切段；皮蛋切粒；
  鹹蛋煮熟，切粒；蝦乾用水浸 30 分鐘。

② 燒熱油鑊，爆香蒜茸、薑片和蝦乾，加
  入清水，煮滾後加入菠菜，煮 3 分鐘。

③ 加入皮蛋粒和鹹蛋粒，略煮，勾芡後即
  可食用。

TIPS

烹煮皮蛋前先將皮蛋蒸幾分鐘，蛋殼較易剝落，
且蛋黃不會沾刀。

煮

黃金菇扒時菜

材料

乾黃金菇 80 克
生菜 320 克
辣椒絲 1 茶匙
蒜茸、酒各 1 茶匙
薑 1 片
葱 1 條
油、鹽、糖各少許

調味料

蠔油 1 茶匙
鹽 1/2 茶匙
糖 1/4 茶匙
胡椒粉、麻油各少許
上湯 2 湯匙

芡汁料

生粉 1/2 茶匙
水 2 湯匙

做法

① 黃金菇浸泡約 1 小時，洗淨，用洗淨的薑、葱和酒汆水，浸冷水備用。
② 生菜洗淨，與加了油、鹽、糖的水煮熟，放上碟。
③ 起油鑊，爆香蒜茸和辣椒絲，放入黃金菇炒勻，倒入調味料煮約 3 分鐘，勾芡，淋在菜面上，即成。

鮑魚菇扒生菜

材料

生菜 300 克
鮑魚菇 80 克

調味料

鮑魚汁 3 湯匙
砂糖 1 茶匙
水 1 量杯

做法

① 生菜洗淨，在清水中加入油和鹽，煮熟後盛起，瀝乾水分，排在碟上。
② 鮑魚菇洗淨，加入調味料，煮至汁液濃稠，淋在生菜表面，即可食用。

蔬果類 生菜 菜心 芥菜

雜菌鮮筍煮菜心

材料

鮮冬菇、鮮蘑菇、鮮草
菇、鮮筍尖各 160 克
菜心 320 克
米酒 1 茶匙

調味料

鹽、糖各 1/4 茶匙
米酒 1 茶匙
麻油少許、水 1 湯匙

汁料

鹽 1 茶匙、糖 1/2 茶匙
麻油少許、上湯 4 杯

芡汁料

生粉 1/2 茶匙
水 2 湯匙

做法

① 冬菇、蘑菇、草菇、筍尖分別洗
　淨後汆水；筍尖切片；菜心洗淨，
　切段。

② 起油鑊，下菜心，加調味料炒熟，
　上碟圍邊。再起油鑊，灒米酒，倒
　入冬菇、蘑菇、草菇、筍片，加入
　汁料煮 15 分鐘，勾芡後上碟。

奶香上素

材料

紅蘿蔔 80 克
白菜膽、芥菜膽各 80 克
露筍 40 克

調味料

花奶 1 杯、水 5 湯匙
生粉 1 湯匙、鹽 1/2 茶匙
胡椒粉少許

做法

① 所有材料洗淨；芥菜膽汆水 5 分鐘；
　白菜膽泡油。

② 紅蘿蔔去皮，切片，汆水，瀝乾水
　分，下油鑊略炒。

③ 燒熱油鑊，加入所有材料，炒熟後
　加入調味料，煮至汁液濃稠，即可
　食用。

大芥菜燜火腩

材料

大芥菜 640 克
火腩 160 克
磨豉醬 1/2 湯匙
大蒜 2 條
薑茸 1/2 茶匙

調味料

粟粉 1 茶匙
鹽、糖各 1/3 茶匙
水 2 湯匙

做法

① 大芥菜洗淨切塊，汆水後用清水浸泡，隔水備用。
② 大蒜洗淨，切段。
③ 燒油少許，爆香薑茸、大蒜、磨豉醬、火腩，加入大芥菜，再加入水適量。
④ 煮滾後加入調味料燜焓即可。

牛油椰菜

材料

椰菜 300 克
紅蘿蔔 1/2 條
番茄 2 個
牛油 30 克
蒜茸 1 茶匙

調味料

鹽 1/4 茶匙
上湯 50 毫升

芡汁料

生粉 1 茶匙、水 2 湯匙

做法

① 椰菜洗淨，切小塊；紅蘿蔔洗淨，去皮，切小塊，汆水至八成熟撈出，瀝乾水分。
② 番茄用滾水略燙，去皮後挖籽，切小塊。
③ 燒熱油鑊，爆香牛油和蒜茸，下椰菜、紅蘿蔔、番茄略炒，下調味料煮滾，勾芡，即成。

野菌雜菜鍋

材料

椰菜、紅蘿蔔各 200 克
西蘭花 200 克
金菇 80 克
鮮冬菇 5 朵
番茄 3 個
蒜茸 1 茶匙

調味料

上湯 1/2 杯
茄膏 5 湯匙
鹽 1/2 茶匙

做法

① 所有材料洗淨；椰菜切絲；紅蘿蔔去皮，切塊；西蘭花切小朵；鮮冬菇去蒂，切絲；番茄切塊。

② 燒熱油鑊，爆香蒜茸，加入紅蘿蔔、西蘭花和鮮冬菇略炒，加入其他材料和調味料，煮至熟透，即可食用。

鮮冬菇扒蜜糖豆

材料

鮮冬菇約 200 克
蜜糖豆約 200 克
薑汁酒 1 茶匙

調味料

鹽、糖各 1/2 茶匙
麻油少許
上湯 2 湯匙

汁料

鹽、糖、老抽各 1 茶匙
麻油少許
上湯 2 湯匙

芡汁料

生粉 1 茶匙
水 2 湯匙

做法

① 鮮冬菇洗淨，去蒂，汆水 2 分鐘，盛起，瀝乾水分；蜜糖豆洗淨。

② 起油鑊，倒入鮮冬菇和調味料煮約 10 分鐘。

③ 再起油鑊，濽薑汁酒，倒入蜜糖豆，加汁料炒熟，冬菇回鑊，勾芡即成。

雪菜燜馬鈴薯

材料

馬鈴薯 400 克
雪菜 160 克
紅甜椒 1 個
水 1 杯

調味料

鹽 1/4 茶匙
生抽 1/4 茶匙
糖 1/4 茶匙
胡椒粉、麻油各少許

做法

① 馬鈴薯洗淨，去皮，切大件；燒熱油，略炸後瀝乾油分。

② 雪菜以水浸一會，擠乾水分，切粒；紅甜椒洗淨，去籽，切粒。

③ 燒熱油，炒香雪菜粒，放入馬鈴薯和水，加蓋，以慢火煮約 15 分鐘至熟，下調味料，放入紅甜椒粒略炒即可。

芋汁扒四蔬

材料

芋頭 200 克
蘑菇、草菇各 80 克
粟米芯、西蘭花各 80 克
洋葱 1/2 個

調味料

上湯 1 杯
鹽、糖各 1/2 茶匙
生粉水適量
胡椒粉、麻油各少許

做法

① 洋葱去衣，切碎。
② 芋頭去皮，洗淨，切片，隔水蒸熟，壓成泥。
③ 蘑菇、草菇、粟米芯和西蘭花洗淨，汆水，瀝乾水分，下油鑊炒熟，排放在深碟中。
④ 燒熱油鑊，炒香洋葱，加入調味料，煮滾後加入芋茸，煮至汁液濃稠，盛起，淋在蔬菜表面，即可食用。

椰奶焖芋頭 素

材料

芋頭 600 克
香菇 3 朵
葱 1 條
清水 2 量杯
椰奶 1/2 量杯

調味料

生抽 1 茶匙
鹽、砂糖、白胡椒粉各
1/4 茶匙

做法

① 芋頭去皮，洗淨，切塊；香菇用清水浸軟，去蒂，切片；葱切段。
② 燒熱油鑊，爆香葱段和香菇，加入芋頭略炒，加入清水，用中火煮 15 分鐘。
③ 加入椰奶，再滾後煮 5 分鐘，加入調味料，拌勻即成。

辣味煮蘿蔔

材料

白蘿蔔 400 克
魔芋絲 200 克
木耳 150 克
芫荽碎 1 湯匙

調味料

茄汁 360 毫升
醋 1 茶匙
生抽 1 湯匙
糖 1/4 茶匙
鹽 1 茶匙
辣椒粉 1 湯匙

做法

① 白蘿蔔洗淨，削皮，切條。
② 魔芋絲洗淨，用滾水煮 10 分鐘後盛起；木耳洗淨，汆水，切片。
③ 起油鑊，下白蘿蔔條、魔芋絲和木耳炒勻，加入調味料，煮至白蘿蔔變軟，撒上芫荽碎即可。

TIPS

蘿蔔和木耳營養豐富，而芋絲含大量纖維素，三者配搭起來，既美味且有飽腹感，又有益身體。

蘿蔔煮魚鬆

材料

白蘿蔔 400 克
鯪魚肉 300 克
葱粒 1 湯匙、清水 3 湯匙

醃料

紹酒 1 湯匙
鹽、生粉各 1 茶匙
胡椒粉、麻油各少許

調味料

蠔油 4 湯匙、鹽 1 茶匙
胡椒粉、麻油各少許

做法

① 白蘿蔔洗淨，去皮，切條。
② 鯪魚肉洗淨，瀝乾水分，剁成魚膠，用醃料醃 20 分鐘，搓成幼條狀，下油鑊煎至呈金黃色。
③ 白蘿蔔條加入清水，炒至透明，加入鯪魚條和調味料，煮至熟透，撒上葱粒即可。

魚香茄子

材料

茄子 400 克
免治豬肉 80 克
紅辣椒絲 1 湯匙

醃料

油 1 茶匙
生抽、生粉各 1/2 茶匙

調味料（a）

辣豆瓣醬 1 湯匙
葱絲 2 湯匙
薑茸、蒜茸 1 各湯匙
鹹魚粒 20 克

調味料（b）

水、上湯各 6 湯匙
鎮江醋 1 湯匙
老抽 1/2 湯匙
糖、麻油各 1 茶匙
鹽 1/4 茶匙

做法

① 茄子去蒂切條，泡油；免治豬肉用醃料醃 15 分鐘。

② 燒熱鑊，下油炒香調味料（a），加入茄子和免治豬肉，炒勻後加入調味料（b），煮至汁液濃稠，加入紅辣椒絲即成。

榨菜辣茄子

材料

茄子 200 克
榨菜 40 克
薑 10 克
紅辣椒 1 隻
清水 1/2 量杯

調味料

辣椒醬、砂糖各 1 湯匙
麻油 1 茶匙

芡汁料

生粉 1 茶匙
清水 2 湯匙

做法

① 茄子洗淨，切條，下油鑊略炸，盛起待用。
② 榨菜、薑、紅辣椒切絲，下油鑊爆香，加入茄子和清水。
③ 把茄子煮熟，加入調味料，拌勻，勾芡即可食用。

豉椒煮茄子

材料

茄子 400 克
紅辣椒、青辣椒各 1 隻
豆豉 1 湯匙
蒜茸 1 茶匙

調味料

生抽、砂糖各 1 茶匙
水 1/2 量杯

做法

① 所有材料洗淨；茄子切條；紅辣椒、青辣椒去蒂去籽，切條。
② 燒熱油鑊，爆香紅辣椒、青辣椒、豆豉和蒜茸，加入茄子略炒。
③ 加入調味料，用慢火煮至汁液濃稠，即可食用。

蔬果類 茄子 鮑魚菇

醬香茄子

材料

茄子 480 克
葱 2 條
蒜頭 2 粒
豆瓣醬 1 湯匙

調味料

上湯 1/2 杯
糖 1/4 茶匙
鹽 1/2 茶匙
麻油 1 茶匙
醋 1/2 湯匙
生抽 1/2 湯匙

芡汁料

生粉 1/4 茶匙
水 1 湯匙

做法

① 茄子去皮，洗淨，切粗絲；葱洗淨，
切粒；蒜頭洗淨，切茸。
② 燒熱油鑊，放入茄子泡油，瀝油。
③ 燒熱鑊，下油爆香蒜茸、葱粒和豆
瓣醬，加入調味料，茄子絲回鑊煮
滾，勾芡，即成。

蘋果燴雙菇

材料

蘋果 2 個
鮑魚菇 150 克
草菇 100 克
紅蘿蔔 100 克
薑 2 片

汁料

素上湯 1 杯
生粉水 1 湯匙
鹽 1/2 茶匙

做法

① 所有材料洗淨。
② 蘋果去皮，去芯，切片；鮑魚菇、
草菇汆水；紅蘿蔔去皮，切絲。
③ 燒熱油鑊，爆香薑片，加入蘋果片
和紅蘿蔔絲，炒 3 分鐘，加入其
他材料，煮熟後加入汁料，煮至汁
液濃稠，即成。

南乳鮑魚菇

材料

鮑魚菇 300 克
南乳 2 塊
蒜茸 1 茶匙

調味料

芝麻醬 1/2 湯匙
糖、生抽各 1/2 茶匙
麻油少許
上湯 2 湯匙

做法

① 鮑魚菇洗淨，蒸 5 分鐘，切片。
② 起油鑊，爆香蒜茸、南乳，下鮑魚
菇炒勻，加調味料煮滾即成。

金菇扒芥菜膽

材料

芥菜膽 400 克
金菇 200 克
薑 3 片

汁料

上湯 200 毫升
生抽 1/2 湯匙
老抽 1 茶匙
糖 1/4 茶匙
生粉 2 茶匙
胡椒粉和麻油少許

做法

① 洗淨芥菜膽，放滾水中焯熟，上
碟。
② 金菇切去根部，洗淨。
③ 燒熱油鑊，爆香薑片，下金菇略
炒，下汁料煮滾，將金菇淋在芥菜
膽上，即可。

蓮藕牛腩煲

材料

牛腩 600 克
蓮藕 300 克
薑 2 片
葱絲少許
水適量

調味料

柱侯醬 4 湯匙
冰糖 3 粒

做法

① 蓮藕刮皮，切小塊；牛腩汆水切塊，
瀝乾水分。

② 燒熱鑊，下油爆香薑片，加入牛腩
炒香，加入水和調味料，拌勻，用
猛火燜 10 分鐘。

③ 加入蓮藕，轉慢火燜至牛腩變腍，
撒上葱絲，即可食用。

蓮藕肉片燜芋絲

蔬果類 蓮藕 草菇 蘑菇

材料
蓮藕 400 克
豬瘦肉 200 克
芋絲 300 克
蒜茸 1 茶匙

調味料
日式醬油 1/2 杯
木魚粉 1 茶匙
水 2 杯

做法
① 蓮藕、豬瘦肉和芋絲洗淨；蓮藕刮皮切片；豬瘦肉切片，汆水。
② 燒熱油鑊，爆香蒜茸，炒香肉片，加入所有材料和調味料，燜至汁稠，即可食用。

香燜藕片

材料
蓮藕 2 小節
海帶 5 片
薑 2 片

調味料
牛肉上湯 3 杯 (750 毫升)
生抽 2 湯匙
糖、鹽各 1/2 茶匙

芡汁料
生粉水 1 茶匙

做法
① 蓮藕洗淨，刮皮，切厚片；海帶洗淨，切小段。
② 蓮藕加入薑片和牛肉上湯，用猛火煮滾，轉中火煮 30 分鐘。
③ 加入海帶，煮熟後加入其他調味料，勾芡，煮至汁液濃稠，即可食用。

蝦子蠔油扒雙菇 經典

材料
冬菇、草菇各 120 克
蝦子 20 克

調味料
上湯 1/2 杯
蠔油 3 湯匙
鹽、生粉各 1 茶匙
糖 1/2 茶匙
胡椒粉少許

做法
① 所有材料洗淨。
② 冬菇浸軟，蒸 20 分鐘，去蒂，瀝乾水分。
③ 燒熱油鑊，加入冬菇和草菇，用武火炒 3 分鐘，加入蝦子和調味料，拌勻，煮全汁液濃稠，即可食用。

咖喱雜菜燜蘑菇 素

材料
鮮蘑菇 320 克
紅蘿蔔 80 克
青瓜 80 克、洋葱 1/2 個
乾葱頭片 1 粒
咖喱粉 1 湯匙
椰汁 150 毫升

調味料
鹽 1/4 茶匙、糖 1/2 茶匙
沙茶醬 1 茶匙、上湯 1 杯

做法
① 蘑菇洗淨，下油鑊，泡油；洋葱去衣，洗淨，切小塊。
② 紅蘿蔔和青瓜去皮，洗淨，切片。
③ 起油鑊，爆香乾葱頭和洋葱，加入咖喱粉拌勻，放入蘑菇、紅蘿蔔和青瓜，下調味料，煮至汁液漸收，倒入椰汁煮滾，即成。

煮

蠔油煮冬菇

材料

生菜 150 克
鮮冬菇 80 克
薑 2 片
葱段 1 湯匙
水 1/2 杯
紹酒 1 湯匙

調味料

蠔油 2 湯匙
生粉水 1 湯匙
生抽 1 茶匙
糖 1/2 茶匙
鹽、麻油
胡椒粉各適量

做法

① 生菜洗淨，用滾水煮熟，排在碟上待用。

② 鮮冬菇洗淨，去蒂，汆水，瀝乾水分。

③ 燒熱油鑊，爆香薑片和葱段，加入鮮冬菇略炒，灒酒，加入清水，蓋上蓋煮 15 分鐘，加入調味料，煮至汁液濃稠，即可鋪在生菜上食用。

薑汁酒蠔油燜冬菇

材料

冬菇 200 克
蒜頭 2 粒
薑 3 片
葱 2 條
蠔油 2 湯匙
薑汁酒 2 湯匙

做法

① 冬菇略洗，浸水半小時後洗乾淨，倒去水。

② 將冬菇再浸水隔夜，去蒂，水留用。再將冬菇、冬菇水、薑、葱 1 條放入深碗中，隔水蒸 30 分鐘，熄火焗 1 小時，棄去薑、葱。

③ 燒熱鑊，下油，爆香蒜頭，灒薑汁酒，放下冬菇、冬菇水及蠔油，加蓋煮 30 分鐘，撒上葱花，即可。

魚子醬九孔鮑魚

材料

九孔鮑魚 20 隻
三文魚子 1 湯匙
魚子醬 1 湯匙
生粉水 1 湯匙

汁料

上湯 4 杯
水、清酒各 1 杯
生抽 5 湯匙
片糖 30 克
麻油 1 湯匙

做法

① 九孔鮑魚洗淨，汆水，去內臟。
② 煮滾汁料，加入鮑魚，用慢火燜 2 小時，取出鮑魚上碟。
③ 盛起少許鮑魚汁，煮滾後加入生粉水，拌勻後淋在鮑魚表面，加上三文魚子和魚子醬，即成。

三杯鮑魚

材料

罐頭鮑魚 1 罐、蒜茸 3 湯匙、紅辣椒粒 1 湯匙、薑 6 片、葱粒適量、麻油 3 湯匙、米酒 1 湯匙

調味料

生抽 4 湯匙、米酒 2 湯匙、糖 1 湯匙、水 1/2 杯

做法

① 鮑魚瀝乾，在表面剝十字花紋，用 2 片薑和米酒汆水，盛起。
② 燒熱鑊，下麻油炒香 4 片薑，加入其他材料，炒勻後加入所有調味料，拌勻，煮 5 分鐘即可。

鮑片扒生菜膽

材料

西生菜 240 克、罐頭鮑魚 80 克、蒜頭 1 粒、上湯 3/4 杯、薑茸、蒜茸各 1 茶匙、米酒 1 茶匙

調味料

蠔油 1 湯匙、生抽 1 茶匙、糖、鹽各 1/2 茶匙、胡椒粉、麻油各少許

芡汁料

生粉 1 茶匙、水 2 湯匙

做法

① 西生菜洗淨，切大塊。
② 鮑魚開罐取出，橫切薄片。
③ 燒熱油鑊，爆香蒜頭，下西生菜炒至軟身，瀝乾，上碟。
④ 再熱油鑊，爆香薑茸、蒜茸，灒米酒，加入上湯和調味料，勾芡，下鮑片拌勻，放在西生菜面即成。

玉竹雪耳燜鮑魚

材料

鮑魚 300 克、玉竹、雪耳各 20 克、薑 3 片、葱段 1 湯匙、水 1/2 杯

調味料

紹酒 1 湯匙、鹽 1/2 茶匙、胡椒粉少許

做法

① 鮑魚洗淨，切片；玉竹浸軟，切段；雪耳浸軟，去蒂，撕成小塊。

② 把所有材料放入鍋內，用武火煮滾，轉文火燜 30 分鐘，加入調味料，拌勻，即可食用。

蠔王薑葱燴刺參

材料

刺參 2 條、紅蘿蔔 100 克、薑 2 片、葱粒 2 湯匙、蒜茸 1 湯匙、生粉水 1 湯匙

調味料

上湯 300 毫升、蠔油 2 湯匙、生抽、米酒各 1 湯匙、麻油 1 茶匙、黑胡椒 1/3 茶匙

做法

① 紅蘿蔔洗淨，去皮，切片。

② 刺參洗淨，去內臟，切小塊，汆水待用。

③ 燒熱油鑊，用慢火炒香薑片和葱粒，加入蒜茸、紅蘿蔔片和刺參，拌勻。

④ 加入上湯，煮滾後加入其他調味料和生粉水，煮至濃稠即成。

煮

家常海參

材料

已浸發海參 320 克
豬瘦肉 40 克
筍片 80 克
冬菇（浸軟）8 朵
青蒜 1 條
豆瓣醬 2 湯匙
薑茸、蒜茸各 1 湯匙
葱茸、麻油各 1 湯匙
水 1 杯
生粉水 2.5 湯匙

汁料

鹽、糖各 3/4 茶匙
米酒 3/4 茶匙
上湯 1 杯

調味料

鹽 1/2 茶匙
糖 1/2 茶匙
米酒 1/2 茶匙
胡椒粉少許

TIPS

用四川郫縣豆瓣醬
效果更好。

做法

① 海參洗淨，切片；冬菇洗淨，切半；青蒜斜刀切段；冬菇、筍片汆熟瀝乾。

② 豬瘦肉洗淨，切幼條，炒至金黃盛起。

③ 燒熱油，爆香薑茸、葱茸、蒜茸，加汁料煮滾，下海參片煮 30 分鐘盛起。

④ 再起油鑊，炒香豆瓣醬，放入海參、冬菇、筍片、肉絲，注入水和調味料煮滾，勾芡，下麻油、青蒜拌勻，即可。

花菇燜海參 經典

材料

已浸發海參 300 克
花菇 10 朵
薑 3 片、葱 3 條
蒜茸 1 茶匙
冰糖 1 塊

調味料

蠔油 2 湯匙
生抽、生粉水各 1 湯匙
糖、紹酒各 1 茶匙
雞粉 1/2 茶匙
麻油、胡椒粉各少許
水 1 杯

做法

① 海參洗淨，汆水，瀝乾水分。
② 花菇浸軟，去蒂切片，加入薑、葱、冰糖，蒸至軟腍。
③ 燒熱油鑊，爆香蒜茸，加入海參和花菇略炒，拌勻後加入調味料，煮至汁液濃稠，即可食用。

XO 醬燴海參

材料

已浸發海參 2 條
蝦醬 200 克
蒜茸 1 湯匙
生粉水 1 湯匙
麻油少許

調味料

水 1 杯、XO 醬 2 湯匙
米酒 1 湯匙
蠔油、糖各 1 茶匙

做法

① 海參洗淨，汆水，加入蝦醬，蓋上保鮮紙，用中火蒸 15 分鐘。
② 取出海參，切段待用。
③ 燒熱油鑊，爆香蒜茸，加入調味料，煮滾後加入海參，用慢火煮 5 分鐘。
④ 加入生粉水，煮至汁液濃稠，加入麻油拌勻即成。

冬筍蓮子蒸海參

材料
浸發海參 600 克、冬筍 200 克、雞肉 120 克、蓮子、冬菇、火腿各 40 克、薑 3 片、葱段 2 湯匙、薑茸 1 茶匙、生粉水 1 湯匙

調味料
上湯 5 湯匙、紹酒 1 湯匙、生抽、麻油各 1 茶匙、鹽 1/2 茶匙、胡椒粉少許

做法
① 海參切開，用薑片和葱段汆水；冬筍、雞肉、冬菇、火腿分別切粒；蓮子去芯。
② 燒熱油鑊，爆香薑茸，加入冬筍、雞肉、蓮子、冬菇和火腿，炒至熟透，加入調味料，拌勻，分別盛起材料和湯汁。
③ 把以上材料放入海參內，隔水蒸 1 小時，取出海參，瀝去水分。
④ 燒熱油鑊，加入湯汁，煮滾後加入生粉水，煮至汁液濃稠，淋在海參表面，即可食用。

水產類 海參

三鮮燴海參

材料
已浸發海參 160 克、雞肉 120 克、冬菇 120 克、火腿 100 克、薑 3 片、葱 2 條、葱茸、薑茸各 1 湯匙

調味料
蠔油 1/2 湯匙、生粉 1 茶匙、生抽、糖各 1/4 茶匙、水 1/2 杯

做法
① 海參洗淨，切塊，加入薑片和葱汆水。
② 雞肉洗淨，切條。
③ 冬菇浸軟，去蒂切絲；火腿洗淨，切絲。
④ 燒熱油鑊，爆香葱茸和薑茸，加入其他材料，拌炒 2 分鐘，加入調味料，煮至汁液濃稠即可。

蝦子蛋白燴海參

材料

海參 200 克
蝦子 1 湯匙
蛋白 2 隻
薑 3 片
葱段適量
蒜頭 5 粒
清水 3 杯
酒適量

調味料

蠔油 1 湯匙
紹酒 1 湯匙
生抽 1 湯匙
鹽 1/2 茶匙
麻油少許
生粉水適量

做法

① 海參用凍水浸 5 天，每天換水一次，然後洗刷外皮，除去內臟，切條，用薑片、葱和蒜頭汆水 10 分鐘，洗淨待用。

② 用白鑊炒香蝦子；蛋白打勻。

③ 爆香蒜頭和薑片，加入海參，灒酒，加入清水，用大火煮滾，轉慢火燜 45 分鐘。

④ 加入調味料，再燜 5 分鐘，加入蛋白液，拌勻後即可。

煮

瑤柱冬筍燜海參

材料
浸發海參 200 克
蝦仁 80 克
瑤柱 40 克
雪耳、冬筍各 20 克
薑 2 片
葱段 1 湯匙
上湯適量

調味料
白醋、米酒、麻油、生粉
水、糖、鹽各適量

做法
① 所有材料洗淨；海參切厚片；瑤柱浸軟；雪耳浸軟，去蒂，撕成小塊；冬筍去皮，切片。
② 燒熱油鑊，爆香薑片和葱段，加入其他材料，用武火煮滾，轉文火煮至熟透，加入調味料，煮至汁液濃稠，即可食用。

香菇蒟蒻煮海參

材料
蒟蒻 1 片
海參 200 克
冬菇 5 朵
薑 2 片
上湯 1/4 杯

調味料
蠔油 1 湯匙
糖 1 茶匙
鹽 1/2 茶匙
生粉水 2 湯匙

做法
① 蒟蒻略浸，切粗絲；冬菇浸軟，去蒂，切絲。
② 海參洗淨，汆水，瀝乾水分，切絲。
③ 燒熱油鑊，爆香薑片，加入海參和上湯，略煮後加入蒟蒻和冬菇，炒勻，加入調味料即可。

薑醋鯽魚煲

材料

鯽魚 600 克
薑 4 片
葱 2 條

調味料

生抽、香醋各 1 湯匙
鹽 1/2 茶匙
米酒 1/2 湯匙

做法

① 鯽魚去鱗，劏洗淨；葱洗淨，切段。
② 燒熱油鑊，爆香薑、葱，放入鯽魚煎至兩邊金黃，盛起。
③ 取砂鍋一個，放入鯽魚和調味料，注入適量水，煲滾後轉慢火煮約 1 小時，上碟。

煮

大葱燜鯽魚

材料

鯽魚 1 條（約 600 克）
大葱 150 克
薑 3 片、清水 3 湯匙

醃料

鹽 1/2 茶匙
胡椒粉、麻油各少許

調味料

生抽、鎮江醋各 1/2 湯匙
紹酒 1/2 湯匙
糖 1/2 茶匙
胡椒粉、麻油各少許

做法

① 鯽魚洗淨，去鱗、鰓及內臟，用醃料拌醃 20 分鐘。
② 大葱去根，去老葉後洗淨，斜切段。
③ 燒熱鑊，下油，將鯽魚兩面煎至金黃色。
④ 再起鑊，落油，爆香薑片、大葱，放入鯽魚、調味料及清水，加蓋煮滾，燜至汁液濃稠即成。

雪菜浸煮桂魚

材料

桂花魚 1 條
豬肉 5 片
雪菜 200 克
青、紅甜椒粒各 1/2 杯
蒜茸 1 茶匙
米酒 1/2 茶匙

調味料

鹽 1/2 茶匙
糖 1/4 茶匙、上湯 2 杯

做法

① 雪菜洗淨，切粒。
② 桂花魚去鱗，劏洗淨，抹乾，燒熱鑊，下油將魚煎至兩面金黃。
③ 燒熱油鑊，爆香蒜茸、肉片和雪菜粒及青紅甜椒粒，將桂花魚回鑊，潷米酒，加入調味料，煮約 10 分鐘即可。

紅燒黃花魚

材料

黃花魚 1 條
半肥瘦豬肉 80 克
冬菇 5 朵
薑茸、葱粒各 1 湯匙

黃花魚醃料

老抽 1 湯匙、鹽 1/2 茶匙

豬肉醃料

生抽、生粉各 1 茶匙

調味料

上湯 1/2 杯、鹽適量

做法

① 豬肉洗淨，切絲，用醃料醃 15 分鐘；冬菇浸軟，去蒂，切絲。
② 黃花魚劏好，洗淨，瀝乾水分，用醃料醃 15 分鐘，下油鑊炸至呈金黃色，盛起，瀝乾油分。
③ 燒熱油鑊，爆香薑茸和葱粒，加入肉絲略炒，加入冬菇和調味料，煮滾後加入黃花魚，蓋上蓋燜 10 分鐘即可。

魚腩茄子煲

材 料

鯇魚腩 640 克
茄子 320 克
紅辣椒（切絲）適量
葱（切絲）適量
蒜茸適量
黑胡椒碎適量

醃 料

薑（切條）2 片
葱（切度）1 棵
蠔油 3 湯匙

調 味 料

蠔油 2 湯匙
糖 1/4 茶匙
鹽 1/4 茶匙
生粉 1.5 茶匙
麻油少許
清水 1/2 杯

做 法

① 鯇魚腩清洗切件，加醃料醃片刻備用。

② 茄子切角，放滾油中炸至浮起，盛起瀝乾油分。

③ 抹去魚汁液，放滾油中炸至金黃盛起，瀝乾油備用。

④ 燒熱油爆蒜茸，下調味料和黑胡椒碎，略滾，倒下茄子及魚腩拌勻，轉回瓦鍋再滾一會，下椒絲、葱絲於面上即成。

煮

薑葱肉絲燜鯇魚

材料
鯇魚 1 條
豬瘦肉 80 克
薑絲、葱絲各 2 湯匙
生粉適量
上湯 1 杯

調味料
老抽、生抽、鹽、胡椒粉、
生粉水各適量

做法
① 豬瘦肉洗淨，汆水，瀝乾水分，
切絲。
② 鯇魚劏好，洗淨，瀝乾水分，抹上
適量生粉，下油鑊煎至兩面呈金黃
色，盛起待用。
③ 燒熱油鑊，爆香薑絲和葱絲，加入
鯇魚和肉絲略炒，加入上湯，蓋上
蓋煮 15 分鐘，加入調味料，煮至
汁液濃稠即成。

紅燒鯇魚

材料
鯇魚 1/2 邊、冬菇（浸
軟）6 朵、薑絲、葱絲、
紅辣椒絲、唐芹粒各 1 湯
匙、鹽、生粉各少許、柱
侯醬、老抽各 1/2 湯匙、
米酒 1/2 茶匙、上湯適量

調味料
蠔油 1/2 湯匙、鹽、油各
1/2 茶匙、麻油、胡椒粉
適量

芡汁料
生粉 1 茶匙、水 1 湯匙

做法
① 冬菇洗淨，去蒂切絲。
② 鯇魚去鱗、劏淨，瀝乾水分，以少
許鹽擦勻魚身，撲上少許生粉，燒
熱油鑊，用中火將鯇魚炸熟。
③ 熱鑊下油，爆香冬菇絲、唐芹粒、
紅辣椒絲、薑絲、葱絲、柱侯醬，
灒酒，加入上湯，鯇魚回鑊，用慢
火燜煮，加入調味料，用老抽調
色，勾芡即可。

龍井雞汁生魚片

材料
生魚片 300 克、龍井茶葉 4 茶匙、薑 2 片、葱粒 1 湯匙、酒 1 茶匙、上湯 1/2 杯

醃料
油 1 湯匙、薑汁酒 1 茶匙、生粉、椒鹽各 1/2 茶匙、胡椒粉、麻油各少許

調味料
上湯 1/2 杯、鹽適量

做法
① 生魚片洗淨，用醃料醃 15 分鐘，泡油。
② 龍井茶葉 2 茶匙用滾水沖泡，倒入碟中待用；另外 2 茶匙龍井茶葉炸脆。
③ 燒熱油鑊，爆香薑片和葱粒，灒酒，加入上湯煮滾，加入生魚片，煮至熟透，倒進裝有龍井茶的碟中，把脆龍井茶葉撒上表面即可。

煮

蒜茸魚湯煮石斑

材料
石斑柳 360 克、米酒 100 毫升、紅辣椒乾 1 茶匙、魚上湯 100 毫升、蒜茸 1 茶匙、洋葱茸 2 湯匙、鹽 1/2 茶匙、胡椒粉適量

芡汁料
生粉 1 茶匙
水 2 湯匙汁料

做法
① 魚柳洗淨，以鹽和胡椒粉調味。
② 煮滾魚上湯，下魚柳煮熟後盛起。
③ 繼續煮魚上湯，加入蒜茸、洋葱茸和紅辣椒乾，即加入米酒，以猛火收乾魚上湯至一半份量，勾芡，淋在魚柳上，即可。

涼瓜煮白鱔

材料

白鱔 1 條
涼瓜 600 克
薑茸、蒜茸各 1 湯匙
水 1 杯

調味料

生抽、糖各適量
胡椒粉適量

做法

① 白鱔洗淨，斬件，瀝乾水分。
② 涼瓜切半，去籽，洗淨後切長條，汆水，瀝乾水分。
③ 燒熱油鑊，爆香薑茸和蒜茸，把白鱔煎香，加入涼瓜和清水，用文火煮至熟透，加入調味料，煮至汁液濃稠即成。

味菜燜門鱔魚

材料

門鱔魚 450 克
鹹酸菜 150 克
芹菜 1 棵、大蒜 1 棵
薑 3 片、蒜頭 5 粒
酒適量

醃料

紹興酒 1 湯匙
糖、生粉各 1 茶匙
鹽、麻油各 1/4 茶匙
胡椒粉適量

調味料

糖 1 茶匙、生粉 1 茶匙
鹽 1/2 茶匙、水 2 湯匙

做法

① 門鱔魚洗淨，用少許鹽擦洗去潺，沖洗，加入微沸水中浸 1 分鐘，取出刮去潺，抹乾水分，切塊，加醃料拌勻，撲少許生粉，略煎。
② 芹菜、大蒜切去根部，切段，洗淨。鹹酸菜用水浸 30 分鐘，取出，切絲，用白鑊炒乾，加入糖 1 湯匙，拌勻，備用。
③ 燒熱少許油，放入薑片、蒜頭爆香，加入門鱔魚和鹹菜絲，潷酒，加入調味料焗煮 15-20 分鐘至熟。加入芹菜和大蒜炒勻便可。

玻璃大蝦

材料
大蝦仁 160 克
蛋白（打勻）2 隻
藕粉 80 克
青瓜 1/2 條
雞湯 2 杯
鹽、酒各適量

做法
① 蝦仁洗淨，從背部淺剮一刀，腹部相連，用鹽、酒醃 2 分鐘：青瓜切片。
② 將蝦沾滿藕粉，用麵棍捶平，蘸蛋白液，再蘸藕粉，直至捶平、薄時為止，呈玻璃狀，下滾水中焯過，撈起過冷。
③ 燒滾雞湯，下鹽調味，下青瓜片，燒開後，再下蝦片，淋上熱油，起鍋裝盤上即成。

油燜大蝦

材料

大蝦 600 克
青蒜 40 克
蔥段、薑茸各 1 湯匙
麻油適量

調味料

鹽、米酒各 1 茶匙
糖 1/2 茶匙
上湯 2 湯匙

做法

① 大蝦去殼，挑去腸，洗淨，切段。
② 青蒜洗淨，切段。
③ 燒熱油鑊，爆香蔥段、薑茸，加入
　大蝦略炒，下調味料，煮滾後用慢
　火煮 5 分鐘。
④ 轉猛火收濃湯汁，淋上麻油，撒下
　青蒜段，即可。

水產類 蝦

紅燒蝦段

材料

大蝦 300 克
冬筍 40 克
冬菇（浸軟）40 克
生菜 80 克
蔥 2 段、薑 2 片

調味料

鹽 1/2 茶匙、糖 1/4 茶匙
米酒 1 湯匙、上湯 100 毫升
生粉 1 茶匙、水 2 湯匙

芡汁料

生粉 1 茶匙、水 1 湯匙

做法

① 大蝦去殼，去腸，洗淨，切段；
　冬筍、冬菇洗淨後切片；生菜
　洗淨，切長段。
② 燒熱油鑊，下蝦段泡油，瀝乾。
③ 鑊留餘油，下蔥段、薑片爆香，
　加入蝦段、冬筍片、冬菇片和
　調味料煮滾，改用慢火煮至汁
　濃，下生菜，勾芡，即可。

鹽水煮蝦

材料

大蝦 600 克
葱段 2 湯匙
薑 2 塊

調味料

鹽 1/2 茶匙
花椒適量

做法

① 大蝦去殼，挑去腸，洗淨，瀝乾水分。

② 鍋放適量水，用花椒煮出香味，隔去花椒，放入鹽、葱段、薑塊和大蝦，用中火煮約 5 分鐘，棄去葱、薑，將大蝦煮至入味，即可。

啤酒醉蝦

材料

大蝦 300 克
啤酒 350 毫升
葱茸 1 湯匙
薑 2 片

調味料

鹽 1/2 茶匙
麻油、胡椒粉各少許

做法

① 大蝦去殼，挑去腸，洗淨，瀝乾水分。

② 啤酒倒入鍋中，加入葱茸、薑片，煮滾後放入大蝦煮至熟透，轉小火煮至啤酒蒸發成濃稠湯汁，加調味料即可。

煮

碧螺春蝦仁

材料

蝦仁 150 克
碧螺春茶葉 10 克

醃料

鹽、生粉各 1/2 茶匙

汁料

上湯 1/2 杯
鹽 1/4 茶匙

做法

① 蝦仁去腸，洗淨，用醃料醃 30 分鐘，汆水。
② 茶葉用沸水沖泡，倒去茶水，再用沸水沖泡。
③ 煮滾汁料，加入茶水和少許茶葉，再滾後加入蝦仁，煮至熟透。

杏香蝦仁

材料

急凍蝦仁 240 克
青瓜 200 克
豆腐 1 塊
薑 1 片

調味料

椰汁 160 毫升
上湯 1/2 杯
杏仁粉 2 湯匙
生粉 1 茶匙
麻油、鹽、糖各 1/2 茶匙

做法

① 蝦仁解凍，洗淨，吸乾水分，加少許鹽和生粉略醃。

② 青瓜去皮及瓢，洗淨切粒；豆腐洗淨，切粒，汆水。

③ 燒熱鑊，下油爆香薑片，加入青瓜和豆腐略炒，加入調味料，煮滾後棄掉薑片；加入蝦仁，煮至汁液濃稠即可食用。

煮

紹酒杞子凍蝦

材料

中蝦 600 克
杞子 60 克
葱段 5 棵
薑 3 片
紹酒 1 杯

做法

① 蝦去腸去腳洗淨，瀝乾水分，用紹酒浸約 1 小時，盛起〔酒留作（2）用〕。

② 把酒煮滾，放入杞子、薑、葱，再加入蝦再滾 8 分鐘。

③ 蝦用篩瀝乾，放回雪櫃雪 2 小時後享用。

上湯焗龍蝦

材料

龍蝦 1 隻（約重 960 克）
葱段 80 克
薑 3 片
鹽 1 茶匙

調味料

上湯 1 杯
糖 1/2 茶匙
麻油、胡椒粉各少許

芡汁料

粟粉、水各適量

做法

① 用筷子從龍蝦尾部插入，使龍蝦之尿水流出，洗淨，斬件，龍蝦爪拍鬆，瀝乾水，加粟粉 1 湯匙撈勻，放入中火滾油內炸一會取出。

② 起油鑊，下薑、葱爆香，下龍蝦炒勻，下調味料，加蓋旺火煮約 5 分鐘，取出薑、葱不要，用水調勻粟粉勾芡即成。

焗釀龍蝦

材料

鮮龍蝦 3 隻、洋葱粒 3 湯匙、蘑菇粒 60 克、麵粉 120 克、牛奶 1.5 杯、牛油 3 湯匙、雞蛋黃 3 隻、芝士 120 克

調味料

白酒、麵包糠、檸檬汁、忌廉、上湯各適量

做法

① 龍蝦劏好，洗淨，蒸熟，縱切開兩邊，取出龍蝦肉，切成粒，龍蝦殼留用。

② 燒熱鑊，下牛油，將洋葱粒及蘑菇粒炒至軟身，加麵粉同炒，再慢慢加入牛奶，煮成濃糊狀，加忌廉及上湯攪勻，使其汁更滑，再加上蛋黃攪勻，又將一部分芝士同煮，最後加入龍蝦粒、檸檬汁及白酒拌勻，攪至成餡。

③ 將（2）釀回入龍蝦殼內，在面上撒下牛油、芝士、麵包糠，放入焗爐焗至金黃色即成。

水產類 龍蝦 蟹

肉蟹粉絲煲

材 料
肉蟹 1 隻
粉絲 2 紮
葱 1 棵
薑 4 片

醃 料
生抽 1 湯匙
凍開水 1/2 杯
油、糖各 1/2 茶匙
鹽 1/4 茶匙
胡椒粉少許

做 法
① 粉絲泡軟，用剪刀剪成段，加入醃料拌勻 10 分鐘。
② 肉蟹劏洗淨，斬件，抹乾並且放在油鑊中泡嫩油，擱起。
③ 爆香葱和薑片，倒入砂鍋中，加蟹、粉絲和少量水，蓋上鍋蓋，以中火燜約 15 分鐘至熟，熄火即成。

TIPS
以刀背把蟹鉗的殼拍裂會較易入味。

香辣花蛤煮蟹

材料

花蛤 320 克
肉蟹 1 隻
蒜頭 4 粒、薑 2 片
紅辣椒 4 隻
香茅 1 支
黑椒 1 茶匙

調味料

鹽、油各 1 茶匙
沙嗲醬 1 湯匙
上湯 2 湯匙

做法

① 香茅洗淨，拍鬆，切小段；蒜頭、薑分別洗淨，拍碎。
② 花蛤以油鹽水浸 1 小時，洗淨，瀝乾水分；肉蟹劏洗淨，斬件。
③ 燒熱油鑊，爆香蒜頭、薑和紅辣椒、黑椒，加調味料、香茅煮滾，以中火煮 15 分鐘，加花蛤和肉蟹煮熟即可。

蒜茸青口

材料

青口 300 克
熟油 1/2 湯匙

調味料

蒜茸 3 湯匙
鹽 1/4 茶匙
胡椒粉少許
生粉 1 茶匙

做法

① 青口洗淨，瀝乾水分，排在碟上。
② 調味料拌勻，製成蒜茸汁，淋在青口上，用猛火蒸 6 分鐘，淋上熟油，即可。

清酒煮青口 經典

材料

青口 15 隻
洋蔥、紅洋蔥各 1/2 個
蘑菇 6 粒
蒜茸 1 茶匙

調味料

上湯 1/2 杯
清酒 2 湯匙
鹽 1/2 茶匙
香草少許

做法

① 青口、蘑菇分別洗淨；洋蔥、紅洋蔥切絲。
② 燒熱油鑊，爆香蒜茸、洋蔥、紅洋蔥和蘑菇，加入青口同煮，加入上湯拌勻。
③ 加入清酒煮至汁收乾，下鹽調味，撒上香草，即成。

紅椒白蘭地煮青口

材料

青口 500 克
紅辣椒 160 克
洋蔥 160 克
紅蘿蔔 80 克
乾蔥 40 克
蒜茸 1 湯匙
新鮮百里香 30 克
麵粉 1 湯匙
牛油 1 湯匙
白蘭地 50 毫升

調味料

鹽 1/4 茶匙、糖 1/8 茶匙

做法

① 青口洗淨，瀝乾水分。
② 紅辣椒、洋蔥、紅蘿蔔、乾蔥分別洗淨，切碎。
③ 燒熱油鑊，用牛油炒香蒜茸，加入紅辣椒、洋蔥、紅蘿蔔和乾蔥煮滾，下青口，再放入百里香和麵粉，炒至濃稠，倒入白蘭地，煮約10 分鐘，下調味料拌勻，即成。

煮

花椒木耳煮蠔

材料

生蠔 250 克
木耳（浸軟）30 克
生菜 160 克
蔥絲、薑絲各 1 湯匙
花椒油適量
麵粉 2 湯匙

汁料

鹽 1/2 茶匙
米酒 1 茶匙
辣椒乾 1 隻
水 2 湯匙

做法

① 生蠔以麵粉搓洗淨，瀝乾水分；木耳洗淨，切成小朵；生菜洗淨，切段。
② 鑊中將水煮滾，加入蔥絲、薑絲、生蠔、生菜段和木耳煮至八成熟，瀝乾水分，上碟。
③ 汁料煮滾，淋在蠔上，再淋上花椒油即可。

棠菜拌帶子

材料

鮮帶子 6-8 隻
小棠菜 8 棵
蟹膏 2 茶匙
蝦子適量

芡汁料

生粉 1 湯匙
鹽、糖各 1/4 茶匙
麻油少許

做法

① 帶子洗淨，吸乾水分，挖開小洞，釀入少許蟹膏煮至熟。
② 小棠菜洗淨，用剪刀剪去菜葉，與莖部汆水備用。
③ 將帶子放在小棠菜的莖中央，排放在碟中，菜葉拌碟。
④ 把芡汁料煮滾，淋上面，灑上蝦子，即成。

白酒番茄浸蜆

材 料

蜆 400 克
洋葱 1 個、番茄 2 個
蒜茸 80 克、茄膏 40 克
香葉 2 片
香草 1/2 湯匙
白酒 60 毫升
上湯 50 毫升

調 味 料

鹽 1/4 茶匙、糖 1/8 茶匙
黑胡椒碎 1/8 茶匙

做 法

① 蜆以鹽水浸至吐沙，洗淨，瀝乾水分。

② 洋葱、番茄洗淨，去衣切碎。

③ 燒熱油鑊，炒香蒜茸、洋葱碎和番茄碎，加入香葉和茄膏炒勻。

④ 加入蜆、白酒、上湯和杏草同煮約5 分鐘，下調味料拌勻，即可。

清酒煮蜆

材料

鮮大蜆 500 克
清酒 200 毫升
上湯 150 毫升

調味料

蒜茸 1 湯匙
芫茜碎 1 湯匙
水 150 毫升
鹽少許

做法

① 用淡鹽水浸蜆，使其吐沙，洗淨，瀝乾水分。
② 熱鑊下油，爆香蒜茸和芫茜碎，加蜆炒勻，注入清酒、上湯和水同煮至蜆殼張開即可。

油鹽水煮蜆

材料

蜆 600 克
細粉絲 2 包
冬菜 1 包
薑 3 片
葱 4 條
清雞湯 2 包
油、鹽各 1/2 茶匙
胡椒粉 2 茶匙

做法

① 蜆洗淨，浸水中吐出泥沙。汆水，薑、葱略炒。
② 粉絲浸軟；冬菜略浸。
③ 起油鑊，落雞湯、鹽和胡椒粉，加入粉絲、冬菜煮滾，加入蜆稍煮片刻即成。

蜆煨魚片

材料

蜆 320 克
魚柳或少骨的魚 1 條
粟米 1 條
上湯 1000 毫升

調味料

米酒 1 湯匙
鹽 1 茶匙
胡椒粉少許

做法

① 用鹽水浸蜆，待吐沙後洗淨。
② 魚肉洗淨，切厚片；粟米洗淨，切件。
③ 用大火煮滾上湯，加入魚片和蜆，再滾後加入粟米和米酒，轉慢火煮 10 分鐘，下鹽和胡椒粉調味即成。

TIPS

魚片切得厚一點，不但可以增加口感，也較不易煮爛。

辣酒煮蟶子

材料

蟶子 600 克、草菇 10 朵、薑 6 片、葱 2 條、蒜片 2 粒、紅甜椒 2 個、香茅 1 支

調味料

上湯 2 杯、鹽 1/2 茶匙、糖 1 茶匙、生抽 1 茶匙、老抽 1 茶匙、米酒 1/4 杯、辣椒醬 2 湯匙、辣豆瓣醬 1 茶匙、胡椒粉少許

做法

① 蟶子擦洗乾淨，瀝乾。
② 草菇洗淨，瀝乾水分；葱切段；紅甜椒切件；香茅拍鬆。
③ 熱鑊下油，爆香薑片、葱段、蒜片、紅甜椒、辣豆瓣醬和草菇，加入調味料和香茅拌煮至滾，放入蟶子，同煮至熟透，上碟。

三色椒釀鮮魷

材料

魷魚 1 隻
紅、青、黃甜椒各 40 克
葱絲適量

芡汁料

蠔油 2 湯匙
蒜茸辣椒醬 1/2 湯匙
生粉 2 茶匙
水 1/2 杯

做法

① 魷魚洗淨，撕去表面薄膜；甜椒洗淨，去籽切絲。
② 把甜椒絲釀入魷魚中，用牙籤封口。
③ 燒熱鑊，下油把魷魚煎熟，加入芡汁料，拌勻後煮至熟透，即可撒上葱絲食用。

砂鍋魷魚

材 料
魷魚乾（浸軟）300 克
冬菇（浸軟）6 朵
馬蹄肉 8 粒
火腿 80 克
上湯 1/2 杯
薑片、葱段各適量
水適量
米酒 1/2 茶匙

調 味 料
鹽 1/2 茶匙
胡椒粉適量

做 法
① 魷魚乾浸軟洗淨，撕去皮膜，剝花紋，切成小塊。
② 馬蹄洗淨，切粗粒；冬菇、火腿洗淨，切片；薑片、葱段洗淨，拍鬆。
③ 砂鍋中放上湯、薑、葱、米酒煮滾，加入所有材料煮 10 分鐘，加鹽和胡椒粉調味，即可。

酸菜魷魚

材 料
魷魚乾（浸軟）1 隻
鹹酸菜 160 克
上湯 2 杯
唐芹粒 2 湯匙

調 味 料
鹽、胡椒粉各適量

做 法
① 魷魚洗淨，斜切薄片，剝花，用上湯 1/2 杯煮至入味。
② 鹹酸菜以水略浸，洗淨，切段。
③ 煮滾餘下的上湯和適量水，加鹽和胡椒粉煮成湯汁，加入唐芹粒、鹹酸菜和魷魚片，下調味料煮滾即成。

三杯小卷

材料

鮮魷魚 300 克
薑 5 片
蒜茸、麻油各 3 湯匙
米酒、葱粒各 1 湯匙
紅辣椒絲 1 湯匙

調味料

生抽 3 湯匙、米酒 2 湯匙
辣豆瓣醬、糖各 1 湯匙
水 1/2 杯

做法

① 魷魚洗淨，橫切成小段，用 2 片
薑和米酒汆水，盛起，瀝乾水分。
② 燒熱鑊，加入麻油，爆香 3 片薑、
蒜茸、葱粒和紅辣椒絲，加入魷
魚，炒至熟透，加入調味料，拌
勻即成。

黃酒煮田螺

材料

田螺 600 克
薑絲、葱粒各 1 湯匙
紹酒 1 杯
清水 1/2 杯

調味料

生抽 1 湯匙
糖 1/4 茶匙
胡椒粉、生粉水各適量

做法

① 田螺洗淨，把尖銳部分剪去，汆
水，瀝乾水分。
② 燒熱油鑊，爆香薑絲和葱粒，加入
田螺炒勻，加入紹酒和清水，蓋上
蓋燜 15 分鐘，加入調味料即成。

滷墨魚

材料

墨魚 480 克
蔥段 4 段
薑 5 片、芫荽 2 棵

調味料

米酒、茴香、桂皮、丁香、
花椒各適量
鹽 1/2 茶匙
糖 1/4 茶匙

做法

① 墨魚去雜質後洗淨，汆水，瀝乾。
② 煮滾適量水，下墨魚、蔥段、薑片、
米酒煮滾，撇去浮沫，加茴香、桂
皮、丁香、花椒，加蓋改用小火煮
20 分鐘，再放鹽和糖，煮至肉質
熟軟盛起，下芫荽待涼即成。

墨魚紅燜豬肉

材料

半肥瘦豬肉 300 克
墨魚 1 隻
薑 3 片、蔥段 1 條

醃料

薑汁、米酒各 1/2 茶匙
生粉 1 茶匙、胡椒粉少許

調味料

上湯 1/2 杯、生抽 1 湯匙
蠔油 1.5 湯匙
老抽 1/2 湯匙
糖 1 茶匙、鹽 1/2 茶匙
麻油、胡椒粉各少許

做法

① 豬肉汆水，洗淨，瀝乾水分，切成
骨排狀。
② 墨魚撕去外衣，洗淨，抹乾，切件，
加入醃料醃勻。
③ 燒熱油鑊，爆香薑片和蔥段，放入
墨魚件炒透，加入豬肉略炒，注入
調味料煮滾，以慢火燜約 1 小時
即可。

炸

如意卷

材料

菠菜 300 克
素火腿 100 克
豆腐 1 塊
紫菜、腐皮各 3 片
生粉漿適量

調味料

麻油 1 湯匙
鹽 1 茶匙
生抽 1 茶匙

做法

① 所有材料（紫菜、生粉漿除外）洗淨；菠菜切去根部，切碎；素火腿切成長條；豆腐切碎。

② 拌勻菠菜和豆腐，加入調味料，拌勻成餡料。下油鑊炒至乾身。

③ 用生粉漿黏好紫菜和腐皮，包入餡料，用猛火隔水蒸 5 分鐘。

④ 取出如意卷，待涼。燒熱油鑊，將如意卷炸至呈金黃色，切件食用。

香橙涼瓜件 素

材料

涼瓜 1 個
橙 1 個
蛋白、生粉各適量

芡汁料

橙汁 6 湯匙
糖 1 湯匙
生粉 1 茶匙

做法

① 涼瓜洗淨，去籽切片；橙去皮，切成與涼瓜相同大小。

② 拌勻蛋白和生粉，把 1 片涼瓜和 1 片橙黏起，然後在表面均勻抹上生粉；燒熱鑊，下油炸至兩面呈金黃色。

③ 拌勻芡汁料，煮至濃稠，淋在香橙涼瓜表面，即可食用。

炸

椒鹽涼瓜 素

材料

涼瓜 480 克
脆漿 200 克
蒜茸 3 粒量
紅椒（切碎）1/2 隻

醃料

鹽 1 茶匙
糖 1 茶匙

調味料

蒜鹽 2 茶匙
米酒 3/4 湯匙
生抽 1/2 湯匙

做法

① 涼瓜洗淨，開邊，去籽，切薄片，用醃料醃約 10 分鐘後，洗淨，瀝乾。

② 涼瓜片放入脆漿中拌勻，燒熱油鑊，放入涼瓜炸至金黃，瀝油，盛起。

③ 下油爆香蒜茸和紅椒碎，放入涼瓜，加調味料炒勻，即成。

杏仁南瓜

材料

南瓜 300 克
蛋白 1 隻
杏仁片 100 克
麵粉 1 湯匙

醃 料

鹽 1/4 茶匙
胡椒粉少許

做 法

① 南瓜去皮，去籽，洗淨，瀝乾，切
　 厚片，加醃料略醃。

② 蛋白打勻；杏仁片剁碎。

③ 南瓜撲上麵粉，蘸上蛋白，再滾上
　 杏仁碎；燒熱油鑊，炸至金黃熟透
　 即可。

絲瓜天婦羅

材料

絲瓜 300 克
麵粉 4 湯匙
油 1 湯匙
泡打粉 1 茶匙
清水 1/3 量杯

做 法

① 絲瓜洗淨，刨去硬角，去籽，切條，
　 瀝乾水分。

② 把麵粉、油、泡打粉和清水拌勻成
　 麵糊，均勻沾在絲瓜表面，下油鑊
　 炸至呈金黃色，瀝乾油分即成。

蔬
果
類
南
瓜
果
絲
瓜
西
芹
番
茄

翡翠骨香雞

材料

雞 1/2 隻，西芹 160 克
紅蘿蔔 80 克，薑 2 片
蒜茸 1 茶匙，淮鹽 1 茶匙

雞肉醃料

鹽、糖各 1/2 茶匙
生粉 1 茶匙，胡椒粉
麻油各少許、蛋白 1 隻

雞骨醃料

鹽、糖各 1/2 茶匙
生粉 1 湯匙，蛋黃 1 隻

芡汁料

蠔油、生抽各 1/2 湯匙、生粉 1 湯匙
上湯 3 湯匙、麻油少許

做法

① 西芹撕去筋，切條；紅蘿蔔刨皮，切條。
② 雞肉切粗條，醃約 15 分鐘，用嫩油泡熟。
③ 雞骨斬塊，與雞骨醃料拌勻，撲生粉，爆香蒜茸，將雞骨炸香脆，與淮鹽拌勻，上碟。
④ 爆香薑片，炒熟西芹條、紅蘿蔔條，雞肉回鑊，勾芡即可。

炸

番茄蛋餃 素

材料

番茄 600 克
紅豆沙 150 克
糖粉 1/4 茶匙
生粉適量

麵糊

蛋白 4 隻，麵粉、生粉各
1 湯匙

做法

① 番茄洗淨，用滾水燙過，剝皮，去籽，切成 8 瓣，每兩瓣番茄中間夾上紅豆沙，捏合後撲上生粉。
② 麵糊拌勻，燒熱油鑊，將番茄豆沙蘸上麵糊，下油鑊中炸至浮起，上碟，撒上糖粉，即可。

粟米斑塊

材 料

魚柳 1 條
粟米羹 1/2 罐
雞蛋 1 隻（打散）
清水 1/4 杯

醃 料

檸檬汁 1 個
雞蛋 1 隻
生粉 2 茶匙
油 2 茶匙
鹽 1 茶匙
糖 1 茶匙
胡椒粉少許

調 味 料

鹽 1/2 茶匙
糖 1/2 茶匙
胡椒粉少許

皮 料

雞蛋 1 隻（打勻）
生粉 1 杯

做 法

① 魚柳解凍洗淨，抹乾切塊。放入醃料撈勻，醃約 10 分鐘，取出瀝乾。然後沾上雞蛋液和生粉，輕輕按實。

② 炸油燒熱至八成滾，放入魚塊，以中火炸至金黃色，取出瀝油。再放在廚紙上吸油，上碟。

③ 罐裝粟米羹倒入小鍋煮滾，加入調味料，熄火。拌入雞蛋液，淋在魚塊上。

TIPS

蛋絲要滑嫩，必須熄火才加進羹內，否則蛋絲會粗糙。

粟米脆皮籽蝦

材料

籽蝦（即帶籽的蝦）320 克
粟米粒 2 湯匙
青、紅甜椒粒各 1 湯匙
椒鹽 1 茶匙
生粉適量

醃料

鹽、米酒各 1/2 茶匙
胡椒粉少許

調味料

糖 1/2 茶匙
蔥茸、薑茸各適量

做法

① 籽蝦剪去鬚和腳，洗淨，瀝乾，加醃料醃 15 分鐘，撲上生粉，燒熱油鑊，下籽蝦炸至金黃，瀝油。

② 下油爆香蔥茸、薑茸，加入青、紅甜椒粒、粟米粒、椒鹽和其他調味料，炒勻，淋在籽蝦上即可。

雪花蝦球

材料

蝦仁 300 克
馬蹄肉 80 克
麵包糠 1 湯匙

醃料

蔥茸、蒜茸各 1 湯匙
薑茸 1 湯匙
蛋白 2 隻
米酒 1 茶匙
鹽、米酒各 1/2 茶匙

做法

① 蝦仁、馬蹄肉分別洗淨，蝦仁用刀背拍爛，剁茸；馬蹄切幼粒，混合加醃料，拌打成膠，搓成丸狀，滾上一層麵包糠。

② 燒熱油鑊，下蝦丸炸至金黃熟透，瀝油即可。

炸

炸蓮藕丸

蔬
果
類
蓮
藕
冬
菇
鮑
魚
菇
洋
蔥

材料

蓮藕 200 克
豬瘦肉 160 克
雞蛋 2 隻
蔥茸 1 湯匙

醃料

鹽 1/2 茶匙
糖 1/4 茶匙
生粉 1 茶匙
水 1 湯匙

做法

① 蓮藕去皮，洗淨，切茸；豬瘦肉洗淨，剁成茸，加入醃料拌勻。
② 蓮藕茸、肉茸加入蔥茸、雞蛋拌勻，打至起膠，做成丸子。
③ 熱鑊下油，放入蓮藕丸炸至金黃熟透即成。

椒鹽雙菇

材料

鮑魚菇 150 克
鮮冬菇 150 克
雞蛋 2 隻
麵粉適量

調味料

椒鹽 1 茶匙

做法

① 鮑魚菇洗淨，瀝乾水分；鮮冬菇洗淨，去蒂，瀝乾水分；雞蛋拌勻。
② 鮑魚菇、鮮冬菇沾上適量蛋液和麵粉，用滾油炸至呈金黃色，盛起，瀝乾油分，撒上椒鹽即成。

炸鮑魚菇 素

材 料

鮑魚菇 200 克

麵 糊

雞蛋 1 隻
麵粉 50 克
鹽 1/2 茶匙
水 1 湯匙

做 法

① 鮑魚菇洗淨，瀝乾水分。
② 麵糊拌勻，把鮑魚菇蘸上麵糊。
③ 燒熱油鑊，下鮑魚菇炸至金黃色，
　瀝油即可。

炸洋葱圈 素

材 料

洋葱 750 克

麵 糊（拌勻）

鮮奶 150 毫升
麵粉 50 克

調 味 料

鹽 1/2 茶匙
胡椒粉適量

做 法

① 洋葱去衣，洗淨切圈，撒上鹽和胡
　椒粉略醃。
② 洋葱沾勻麵糊。
③ 燒熱油鑊，下洋葱炸至金黃色，瀝
　油即可。

雜菜天婦羅

材料

茄子 1 條
番薯 1 個
泰國蘆筍數條
冬菇數朵
生粉適量

脆漿料

天婦羅粉 1/2 杯
七味粉 1 茶匙
清水適量
（按包裝指示調配）

汁料

日本醬油 1 湯匙
味醂 1 湯匙
木魚精 1 茶匙
白蘿蔔茸 20 克
熱水 1/4 杯

做法

① 蔬菜洗淨，瀝乾、切片，撲上生粉。
② 天婦羅漿料調勻，放入蔬菜片。
③ 燒油一鍋，放入已沾天婦羅漿的蔬菜，以中火炸至酥脆金黃，盛起瀝油。
④ 天婦羅汁拌勻，與天婦羅伴吃。

TIPS

炸油必須用新鮮油，才能達到效果。

特色炸茄子

材 料

茄子 300 克

配 料

冬菇（浸軟），唐芹、青、
紅甜椒各 80 克
薑絲 1 湯匙

調 味 料

鹽、生粉各 1/2 茶匙
雞蛋 1 隻

汁 料

蠔油 1/2 湯匙
鹽、老抽各 1/2 茶匙
糖 1/4 茶匙
上湯 2 湯匙
麻油、胡椒粉各少許

做 法

① 茄子洗淨，連皮切成圓形厚片。
② 配料全部切成絲（薑絲除外）。
③ 茄片用調味料拌勻，燒熱油鑊，下
　 茄子炸至金黃色，盛起。
④ 鑊底留油，爆香配料，加汁料煮
　 滾，淋在茄子上即可。

香芋蟹盒

材 料

香芋 400 克
半肥瘦豬肉 120 克
冬菇 3 朵，蟹 1 隻

調 味 料

水 3 湯匙，豬油 1 湯匙
生粉、糖各 1 茶匙
鹽、麻油各 1/2 茶匙
胡椒粉少許

做 法

① 蟹洗淨，蒸熱，起肉；冬菇浸軟，
　 去蒂，切粒。
② 香芋洗淨，去皮，蒸熟，壓成茸，
　 加入調味料，拌勻。
③ 豬肉洗淨，剁成膠狀，加入蟹肉、
　 冬菇，用少許滾油炒香，盛起。
④ 拌勻豬肉和芋茸，搓成球狀，略
　 壓平，用滾油炸至呈金黃色，即
　 可食用。

炸

炸芋茸帶子

材料

帶子 10 隻
芋頭 750 克

醃料

鹽 1/2 茶匙
麻油、胡椒粉各少許

調味料

鹽、生粉各適量

做法

① 帶子洗淨，用醃料拌勻。
② 芋頭去皮，切塊，以猛火蒸 45 分鐘，壓成茸，加調味料拌勻。
③ 芋頭茸分為 10 份，搓成球狀，略壓平，中間釀入帶子。
④ 起油鑊，下釀芋茸帶子炸至金黃色，即可。

蜜桃脆蝦仁

材料

中蝦 600 克
罐頭蜜桃 1 罐
核桃仁 1/2 杯
蒜茸 1 茶匙

醃料

蛋白 1 湯匙
鹽 1/2 茶匙
胡椒粉、麻油各少許

調味料

沙律醬 3 湯匙

做法

① 蜜桃瀝乾水分，切成小塊。
② 中蝦去殼去腸，洗淨，切雙飛，用醃料醃 30 分鐘，燒熱油鑊，用中火炸至八成熟。
③ 再燒熱油鑊，爆香蒜茸，加入所有材料略炒，加入沙律醬，拌勻即成。

甜酸魚塊

材料

鯇魚肉 480 克，菠蘿 2 片、青、紅甜椒各 1/2 個，炸粉 120 克，蒜茸 1 湯匙

醃料

鹽 3/4 茶匙，胡椒粉 1 茶匙，麻油少許，蛋白 1 隻

汁料

白醋 3 湯匙，糖 2 湯匙，茄汁 3 湯匙，水 1 杯

做法

① 材料洗淨。菠蘿切小片；青、紅甜椒去籽，切片。
② 鯇魚肉切塊，加入醃料醃 20 分鐘後沾上炸粉；燒熱油鑊，放入魚塊炸透，瀝油，再翻炸至脆，瀝油。
③ 下油爆香蒜茸，加入波蘿片，青、紅甜椒片略炒，再下汁料煮滾，脆魚回鑊拌勻，上碟。

芒果炸帶子

材料

芒果 1 個，急凍帶子 6 隻，威化紙 1 張，沙律醬或茄汁 1 小碟

醃料

鹽、蛋白、水各 1 茶匙麻油、胡椒粉各適量

脆漿料

雞蛋 1 隻，麵粉 1/2 湯匙，生粉 1/2 茶匙，水 1/2 杯，泡打粉 1 茶匙

做法

① 芒果起肉，一半切條，一半壓成茸。
② 帶子解凍，洗淨，抹乾，用醃料拌勻，切條。將脆醬料拌勻成脆醬。
③ 威化紙剪成 6 塊，鋪平，放上少許芒果茸、1 隻帶子和 1 條芒果條，包成長卷，蘸上脆漿，下油鑊炸至金黃，瀝油後上碟，伴以沙律醬或茄汁同食。

酸甜雲吞

水產類 鯪魚

材料

雲吞皮 10-12 片
鯪魚肉茸 75 克
三色甜椒各 1/4 個
洋蔥 1/2 個
菠蘿 1 片

醃料

糖 1 茶匙
生粉 1/2 茶匙
鹽 1/4 茶匙
胡椒粉少許
麻油少許

酸甜汁料

片糖 1 塊
茄汁 1/3 杯
白醋 3 湯匙
喼汁 1 湯匙
生粉 1 茶匙
老抽 1 茶匙
鹽 1/2 茶匙
清水 1/3 杯

做法

① 鯪魚肉茸加入醃料拌勻，置冰箱待 15 分鐘，放在雲吞皮上包好。

② 燒油一鍋，放入雲吞炸至金黃，取出瀝油。

③ 三色甜椒角、洋蔥、菠蘿分別切角或切粒，用少許油炒片刻盛起。

④ 熱鑊下 1 茶匙油，放入酸甜汁料煮至變稠，試味。熄火，再放入甜椒、洋蔥和菠蘿拌勻，盛起。

TIPS

雲吞皮很易上色變焦，必須注意油溫。

236

豆瓣醬炸鯪魚

材料

鯪魚 640 克
薑茸、蒜茸各 1 湯匙
豆瓣醬 1 湯匙
上湯 1 杯
葱茸 1 湯匙
生粉水適量
鹽少許，胡椒粉適量

調味料

鹽 1/2 茶匙
糖 1/4 茶匙
米酒、醋各 1 茶匙
麻油少許

做法

① 鯪魚劏洗淨，在魚身兩面各斜切 3 刀，魚身用少許鹽和胡椒粉抹勻。
② 燒熱油鑊，下鯪魚炸至金黃熟透，瀝油，上碟。
③ 燒熱油鑊，爆香薑茸、蒜茸和豆瓣醬，加上湯，下調味料，煮滾後轉小火，用生粉水勾芡，淋在鯪魚上，撒上葱茸即成。

炸

核桃魚球

材料

鯪魚肉 320 克
核桃肉 80 克
芫茜 2 棵
蛋白 2 隻，生粉 4 湯匙

調味料

生粉水 1 湯匙
油 1 茶匙，鹽 1/2 茶匙
胡椒粉 1/4 茶匙

做法

① 芫茜洗淨，切碎；核桃肉壓碎，與蛋白和生粉拌勻成糊狀。
② 鯪魚肉加入調味料，打至起膠，加入芫茜碎拌勻，搓成魚丸。
③ 把魚丸均勻地沾上核桃糊；燒熱鑊，用滾油炸至呈金黃色，盛起食用。

五柳黃花魚

材料

黃花魚 600 克，五柳料 80 克，紅辣椒 1 隻，葱 1 條，生粉 1 湯匙，糖醋汁 1 杯

醃料

鹽 1 茶匙，胡椒粉少許，蛋黃 1 隻

做法

① 紅辣椒、葱分別洗淨，切絲。
② 黃花魚劏洗淨，瀝乾，加入醃料和少許生粉拌勻，將魚身內外撲上生粉。
③ 燒滾油鑊，用中火將黃花魚炸至金黃，上碟。
④ 再燒熱油鑊，倒入糖醋汁，加入紅椒絲、五柳料煮滾，勾芡，淋於黃花魚上，撒上葱絲即成。

醋溜黃花魚

材料

黃花魚 480 克，青甜椒 1 個，洋葱 1 個，紅蘿蔔 80 克，菠蘿 5 片，生粉 1 湯匙，薑 2 片，葱 1 條

醃料

鹽 1/2 茶匙，米酒 1 湯匙，雞蛋 1 隻

汁料

白醋 3 湯匙，糖 1/2 湯匙，茄汁 2 湯匙，水 1/4 杯，辣椒油 1 茶匙，生粉 1/2 茶匙，麻油少許

芡汁料

生粉 2 茶匙、水 1/2 湯匙

做法

① 黃花魚劏洗淨，起肉，切片，以醃料醃 10 分鐘，撲上生粉。
② 材料洗淨。洋葱去衣切塊；菠蘿切扇塊；青甜椒去籽，切角；紅蘿蔔切片。
③ 燒熱油鑊，下魚片炸至金黃。
④ 再爆香薑、葱、洋葱、青甜椒、紅蘿蔔，加入汁料和菠蘿煮滾，倒入炸魚片炒勻，勾芡。

鮮果松鼠魚

材料

桂花魚 1 條（約 600 克），火龍果 1/2 個，芒果 1/2 個、青、紅甜椒各 20 克，松子仁 2 湯匙，蒜茸 2 茶匙

調味料

薑汁、酒各 1 茶匙

芡汁料

糖 2 湯匙，白醋 1 湯匙，茄汁 1 湯匙

做法

① 松子仁炸香備用；魚洗淨，切出魚頭魚尾留用，起出魚肉剁十字，以醃料醃 15 分鐘。
② 青、紅甜椒和水果分別切粒，熱鑊下 1 湯匙油，炒青紅甜椒備用。
③ 魚頭、魚尾、魚肉沾上生粉炸熟，待凍後再炸一次，瀝乾油分，排成魚狀備用。
④ 爆香蒜茸，倒入芡汁料、1/3 杯水及 2 湯匙生粉煮滾，加入水果和青、紅甜椒拌勻，澆在魚上，灑上松子仁即成。

炸

椒鹽白飯魚 經典

材料

白飯魚 300 克
椒鹽 2 茶匙

醃料

米酒、鹽各 1 茶匙
糖 1/2 茶匙

麵糊（拌勻）

麵粉 300 克，發粉 1 茶匙，生粉 90 克，水 150 毫升

做法

① 白飯魚洗淨，加醃料醃 10 分鐘。
② 白飯魚均勻地蘸上麵糊，燒熱油鑊，下魚炸至金黃，撈起瀝油，上碟，以椒鹽伴食。

炸魚手指

材料

龍脷柳 1 塊（約 450 克）
番茄 1-2 個（切片）
炸油 2 杯

醃料

檸檬汁 1 個
雞蛋 1 隻
生粉 2 茶匙
油 2 茶匙
鹽 1 茶匙
糖 1 茶匙
胡椒粉少許

吉列料

麵粉 1/3 杯
雞蛋 1 隻（打散）
粗麵包糠 1 杯

汁料

茄汁適量
喼汁適量

做法

① 龍脷魚解凍洗淨，用布抹乾水分，切成 2.5 厘米寬 ×10 厘米長的魚條。

② 用醃料撈勻魚條，醃約 10 分鐘，取出瀝乾。

③ 順序把魚條沾上麵粉、雞蛋液和麵包糠，輕輕按實。

④ 燒油 2 杯，熱至八成滾，放入魚條，以中火炸至變微黃色。

⑤ 改猛火炸至金黃，取出，瀝油，再放在廚紙上吸油。可伴蘸汁和番茄片享用。

TIPS

魚柳沾上吉列料後必須按實，炸時才不易掉落碎屑在炸油內，弄污炸油。

椒鹽三文魚頭

材料

三文魚頭 1 個
雞蛋 1 隻
生粉 1/2 杯
蒜茸 2 湯匙
紅辣椒碎少許。

醃料

生粉 1 杯，鹽 1 茶匙
胡椒粉 1/4 茶匙

調味料

鹽、糖各 1/2 茶匙
五香粉 1/2 茶匙

做法

① 三文魚頭沖洗淨，抹乾，斬件，加醃料醃 30 分鐘。
② 雞蛋打勻，將三文魚頭蘸上蛋液，沾上生粉，下油鑊炸至香脆。
③ 將蒜茸炸香，三文魚頭回鑊，落調味料與紅辣椒碎拌炒均勻，上碟。

炸

炸芝麻魚片

材料

石斑肉 300 克
芝麻 20 克
雞蛋 1 隻
麵粉 1 湯匙
花椒鹽 1 茶匙鹽適量

醃料

米酒 1/2 湯匙
鹽 1/4 茶匙

做法

① 石斑肉洗淨，切成大片，加入醃料拌勻。
② 雞蛋打勻，加麵粉調成麵糊。
③ 魚片蘸上麵糊，沾上芝麻，壓實，燒熱油鑊，炸至金黃，瀝油，上碟，伴以花椒鹽即可。

香炸果醬魚

材料
石斑肉250克、果醬適量，
雞蛋（打勻）2隻，麵粉
1湯匙，麵包糠1湯匙

醃料
鹽1/2茶匙，檸檬汁1
茶匙，胡椒粉少許

醬汁料
草莓果醬2湯匙，水1/4杯，洋醋1/2
茶匙，茄汁2湯匙，糖1/2湯匙，鹽
1/4茶匙，芝士粉1/2湯匙，水1湯匙

做法
① 石斑肉沖洗淨，吸乾水分，切塊，
再切雙飛，加入醃料醃約5分鐘。
② 石斑肉中塗上適量果醬後做成魚
夾，用蛋液封口，沾上適量麵粉、
蛋液和麵包糠，燒熱油鑊，下石斑
肉炸至金黃、熟透，瀝油，上碟。
③ 果醬汁料拌勻，用慢火煮滾，成蘸
汁伴食。

金柚芒果石斑

材料
石斑肉600克，芒果2
個，金柚肉1/2杯，芫荽
1棵，生粉1/2杯

調味料 A
雞蛋1隻，薑汁酒2茶匙，
咖喱粉1茶匙，鹽、糖各
1/2茶匙，麻油少許

調味料 B
鮮果沙律醬5湯匙，蜜糖2湯匙，鮮
忌廉2湯匙

做法
① 石斑肉洗淨，吸乾水分，加入調味
料A拌勻，醃片刻備用。
② 燒滾油，將石斑肉沾上生粉後置滾
油炸至金黃，熟透取出上碟。
③ 將芒果打茸後，加調味料B拌勻，
淋在魚柳上，灑上金柚肉和芫荽，
即可。

黑椒鱔球

材 料
黃鱔肉 240 克，青、紅甜椒碎、蒜茸各 1 茶匙，黑椒碎 1/2 茶匙，雞蛋 1/2 隻，生粉 1/2 杯

醃 料
鹽 1/2 茶匙，麻油、黑胡椒碎各少許

芡汁料
水 4 湯匙、鹽、糖各 1/4 茶匙、老抽 1/2 茶匙、生粉 1/2 茶匙

做 法
① 黃鱔肉洗淨，汆水，取出，洗淨，去潺，切段，拌入醃料醃 15 分鐘。
② 雞蛋打勻，下鱔肉拌勻，沾上生粉。
③ 燒熱油鑊，下黃鱔段，用猛火炸至金黃熟透，瀝油。
④ 下油爆香蒜茸、青紅甜椒碎，倒入芡汁料煮滾，放下鱔球炒勻，即可。

南乳脆鱔球

材 料
白鱔 320 克，生粉 1 杯

醃 料
南乳（連汁）1 磚，生抽 1/2 湯匙，海鮮醬、糖、生粉、蒜茸各 1 茶匙，鹽 1/2 茶匙

蘸汁料
水、南乳汁各 2 湯匙，糖 2 茶匙，乾葱茸 1/2 茶匙，生粉 1/4 茶匙

做 法
① 白鱔洗淨，汆水，刮去黏液，洗淨，在表面剝十字花，切大件。
② 壓爛南乳，與其他醃料拌勻，加入白鱔醃 30 分鐘。
③ 在白鱔表面抹上生粉，燒熱鑊，用油將白鱔炸至呈金黃色，取出上碟。
④ 燒熱油鑊，爆香蘸汁料中的乾葱茸，加入其他蘸汁料，拌勻煮滾，伴南乳脆鱔球同吃。

炸

沙律蝦 經典

材料
海中蝦 12 隻
沙律醬 40 克

醃料
蛋白 1/2 隻
檸檬汁 1/4 個
生粉 1 茶匙
油 1 茶匙
鹽 1/2 茶匙
糖 1/2 茶匙
胡椒粉少許

皮料
生粉 50 克
吉士粉 10 克

做法
① 海蝦去殼留尾，挑去蝦腸，洗淨，抹乾，並在蝦中間剠一刀，蝦尾穿過中間。
② 把醃料拌勻，放入海蝦撈勻，醃 2-3 分鐘，取出瀝乾，沾上皮料。
③ 熱鑊下適量生油，待燒至八成滾，放入海蝦以中火作半煎炸，直至蝦約八成熟，取出瀝油。
④ 燒熱鑊後熄火，倒入沙律醬煮至微熔，立即把蝦球回鑊拌勻，便可上碟。

TIPS
沙律醬不要用猛火燒，以免熔掉，令蝦球很油膩。

炸蝦棗

材 料
蝦肉 400 克
馬蹄 6 粒
芫荽碎 1 湯匙

醃 料
鹽 1/2 茶匙
生粉 1 湯匙
蛋白 1 隻
胡椒粉、麻油各少許

做 法
① 蝦肉挑去腸，洗淨，抹乾，拍爛成蝦膠；馬蹄洗淨，去皮，剁碎。
② 蝦膠加入醃料、馬蹄碎、芫荽碎拌勻，放入雪櫃冷藏約 1 小時。
③ 將蝦膠做成棗形，下熱油中炸至金黃，即可。

炸釀大蝦

材 料
大蝦 12 隻
雞肉茸 4 湯匙
豬肉茸 6 湯匙
麵包糠適量

醃 料
薑茸 2 茶匙
葱茸 2 茶匙
鹽 1/2 茶匙
酒適量

做 法
① 大蝦洗淨，去頭、殼，留尾，用刀由腹部片開，背面相連，用水洗淨。
② 將雞肉茸、豬肉茸同放碗內，加薑葱茸、鹽、酒拌勻。
③ 逐少釀入蝦腹內，再沾上麵包糠，放入五成熟油中炸至金黃色撈出，背部向上擺放碟上供食。

酥炸蝦盒

材 料

豬肥肉 160 克
生蝦肉 120 克
雞蛋白 1 隻

調味料

酒 2 茶匙
粟粉、鹽各適量

蘸 料

淮鹽、喼汁各適量

做 法

① 肥肉切成圓形薄片，用酒、鹽醃約 30 分鐘。
② 蝦肉剁爛，加少許鹽打勻成蝦膠。
③ 在肥肉薄片上撲下少許乾粟粉，鋪上一層蝦膠，再放上另一片肥肉，輕輕按住。
④ 用蛋白、粟粉開成粉漿，塗於肥肉周圍，放入滾油鑊慢火炸熟。吃時可蘸以淮鹽及喼汁。

紅葱蝦丸

材 料

蝦肉 380 克
紅洋葱 1/2 個
紅辣椒、青辣椒各 2 隻

麵糊料

麵粉、水各 2 湯匙
乾石榴籽 1 茶匙
黃薑粉 1/4 茶匙
小茴香粉 1/4 茶匙
鹽 1/2 茶匙
胡椒粉 1/4 茶匙

做 法

① 蝦肉挑去腸，洗淨，用刀背拍成蝦膠搓成丸狀。
② 材料洗淨。紅洋葱切碎粒；紅、青辣椒去籽，切碎，加入麵糊料拌勻。
③ 燒熱油鑊，蝦膠丸均勻地蘸上麵糊，下油鑊炸至金黃，瀝油，即成。

香蒜脆蝦

材料

海中蝦 300 克
獨子蒜 4-5 粒
乾葱頭 2-3 個

醃料

生粉 1 茶匙
鹽 1/2 茶匙

調味料

糖 1 湯匙
老抽 1 茶匙
鹽 1/4 茶匙

做法

① 海中蝦去鬚、去腳，挑去蝦腸，清洗後抹乾。在蝦背上用刀剀開，加鹽撈勻，待要煎時才撲上生粉。

② 獨子蒜去衣，切薄片。乾葱頭去衣，切薄片。

③ 熱鑊下適量油，待燒至八成滾，放入獨子蒜片和乾葱頭片，炸至金黃，盛起。再放入海中蝦炸熟兼呈微金黃，盛起。

④ 原鑊留 1 湯匙油，把海蝦回鑊，倒入調味料炒勻，熄火，放入炸好的蒜片和乾葱片拌勻，上碟。

炸

椰香牛油蝦

材料

中蝦 600 克
紅辣椒（切粒）3 隻
咖喱葉 15 片
蒜茸 2 茶匙
椰絲 1/4 杯
牛油 2 湯匙
生粉 1 湯匙

調味料

鹽、糖各 1/2 茶匙
胡椒粉少許

做法

① 中蝦剪去鬚和腳，挑去蝦腸，撲上生粉，下油鑊中炸至金黃色，盛起。
② 燒熱油鑊，下椰絲炸至金黃，盛起。
③ 燒熱鑊，下牛油，加入紅辣椒粒、咖喱葉和蒜茸一同炒香，將蝦回鑊，加入調味料和椰絲炒勻，即可。

香葱油蝦串

材料

急凍中蝦 12 隻

醃料

魚露、乾葱茸各 1 湯匙
蒜茸、糖各 1/2 湯匙
麻油及胡椒粉少許

蘸汁料

葱茸 3 湯匙
魚露、糖各 1 茶匙

做法

① 中蝦解凍，去殼去腸，洗淨抹乾，用醃料醃 15 分鐘，用竹籤把 2 隻串起成 1 串。
② 燒熱鑊，下油將中蝦炸至呈金黃色熟透，上碟。
③ 再燒熱油鑊，爆香葱茸，加入魚露和糖，拌勻，伴蝦串用吃。

炸琵琶蝦

材料

大蝦 4 隻
中蝦 300 克
方包 2 塊
雞蛋 1 隻
麵包糠 1 杯
鹽適量

調味料

蛋白 1 隻
鹽、生粉各 1 茶匙
胡椒粉少許

做法

① 大蝦去殼留尾，用鹽搓洗乾淨，瀝乾水分，在蝦背橫切兩刀，挑去蝦腸。

② 中蝦去殼，用鹽搓洗乾淨，瀝乾水分，用刀剁成蝦膠，加入調味料，拌至結實，置雪櫃冷藏 30 分鐘。

③ 雞蛋打勻成蛋液。

④ 方包去皮，切 4 份，抹上蛋液，鋪上蝦膠和大蝦，沾上麵包糠，用滾油炸至呈金黃色，盛起食用。

炸鳳尾蝦 經典

材料

大蝦 12 隻
蛋白 4 隻
麵粉 80 克

醃料

鹽、胡椒粉各適量

調味料

椒鹽 1 茶匙

做法

① 大蝦去殼，去鬚去腳，留尾，在背部直切一刀，洗淨，用醃料醃 15 分鐘。

② 拌勻蛋白和麵粉，拌成蛋漿。

③ 燒熱油鑊，大蝦沾上蛋漿，炸至表面呈金黃色，盛起，瀝乾油分，灑上椒鹽食用。

炸

酥炸蝦丸

材料

蝦仁（硬殼蝦）300 克
墨魚膠 75 克

醃料

蛋白 1 隻，生粉 1 湯匙，
鹽 1 茶匙，糖 1 茶匙，
油 1 茶匙，胡椒粉適量

汁料

檸檬角數件
沙律醬適量

TIPS

蝦仁要徹底清
洗，把表面的黏
液去掉，再吸乾
水分，蝦膠才能
清爽兼有彈力。

做法

① 蝦仁用鹽水清洗，加生粉撈勻。然
後用清水沖淨，再用廚紙吸乾水
分。放入保鮮袋，用刀大力拍扁。

② 把墨魚膠、蝦仁茸和醃料撈勻，順
時針方向大力攪至起膠有彈力。放
冰箱冷藏 30 分鐘。

③ 炸油燒熱至八成滾，用手唧蝦丸。
放入油中以中火炸至金黃，取出瀝
油。伴以沙律醬和檸檬角享用。

蟹汁明蝦卷

材料
明蝦 640 克
火腿 40 克
膏蟹 1 隻
上湯 1/2 杯
雞蛋白 2 隻
番茄片、芫荽各適量
鹽、粟粉各適量

調味料
葱粒、鹽、胡椒粉各適量
酒、麻油各適量

做法
① 明蝦去頭、殼，挑去腸洗淨，將蝦肉切成兩邊；火腿切條；雞蛋白加鹽、粟粉調成粉漿。
② 明蝦肉鋪開，抹上粉漿，放上火腿 1 條，捲成蝦卷，再用粉漿塗抹開口。
③ 蟹取出膏（黃），加油少許蒸熟；蟹身及爪蒸熟，起肉去軟骨。
④ 將明蝦卷放入猛火溫油內泡至剛熟，取出；原鑊留油少許，下上湯煮滾，下蟹肉、調味料，以水調勻粟粉勾芡，加蟹黃推勻，澆在明蝦卷上，伴飾番茄片及芫荽。

炸

百花卷

材料
蝦仁 480 克
豬肥肉 160 克
馬蹄 10 粒
腐皮 3 張
火腿條適量

調味料
鹽、酒、粟粉、糖、麻油、胡椒粉各適量

做法
① 蝦仁剁爛；豬肥肉、馬蹄切幼粒，與剁爛的蝦仁拌勻，加調味料攪撻至起膠。
② 將腐皮用濕布抹淨，搽上蛋糊（用雞蛋 2 隻加粟粉 2 湯匙拌勻），放下（1）之蝦膠鋪成長條，中間則放上火腿條，捲成長條，蒸 5 分鐘，冷卻備用。
③ 燒熱多量油，將（2）放入炸至外皮金黃色，取出瀝油，橫切成段，排放上碟。

油浸生中蝦

材料

中蝦 960 克

調味料

上湯 3 湯匙
鹽、生抽各適量
胡椒粉、麻油各適量
葱絲、紅辣椒絲各適量
芫荽適量

做法

① 中蝦原隻洗淨，剪去鬚爪，用刀在背面剝開，剔出蝦腸，洗淨，抹乾水分。
② 燒熱多量油至將滾，下中蝦慢火浸熟，取出，瀝去油，放碟上，撒下葱絲、紅辣椒絲及芫荽。
③ 起油鑊，下生抽及上湯燒滾，趁熱澆在中蝦上。

芝士香草蝦

材料

中蝦 450 克
碎芝士 4 湯匙
花奶 3 湯匙
香草 2 湯匙
牛油 2 湯匙
鹽、胡椒粉少許
生粉 1 湯匙
麵粉 2 湯匙

做法

① 蝦洗淨，剪腳去腸，瀝乾水分，加鹽、胡椒粉拌勻。
② 燒 1/2 杯油，把蝦炸至半熟，盛起，瀝乾油分。
③ 慢火將牛油炒融，分次加入麵粉炒勻，加入花奶、芝士、香草，傾下蝦兜勻，灑上少許香草即成。

芝麻蝦

材料
蝦仁 240 克
豬肥肉 40 克
方包 4 片
芝麻 4 湯匙

調味料
粟粉 3 湯匙
鹽、麻油、胡椒粉各少許

做法
① 蝦仁用鹽及粟粉拌勻，洗淨，用廚紙抹乾，用刀拍爛成茸，加調味料攪打成蝦膠。
② 肥肉切幼粒，加入（1）中，拌勻，放入雪櫃內。冷凍 30 分鐘。
③ 方包去皮，切 4 份，撒上少許乾粟粉，兩面皆抹上蝦膠，再滾沾滿芝麻，用中火滾油炸至金黃色即成，切件排放碟上。

炸

百花蝦夾

材料
蝦膠 400 克
肥豬肉 160 克
熟蟹肉 80 克

醃料
雞蛋白 1 隻，粟粉 3 湯匙
酒 1 茶匙，糖少許
上湯 1/4 杯

調味料
鹽、糖、麻油、胡椒粉各
少許

做法
① 肥肉切成圓形片，盛入碗內，加入
醃料拌勻，醃 15 分鐘後，逐塊撲
上粟粉，釀上蝦膠抹平，再撒上粟
粉撲勻成蝦夾。
② 燒熱鑊下油燒至九成熱，將釀好蝦
夾下油鑊炸約 5 分鐘，將鑊離火
略炸片刻，再將鑊置於爐上旺火炸
1 分鐘撈起。
③ 燒熱鑊下油，烹入酒，加入調味
料，放入蟹肉攪和，待燒滾後用水
粟粉勾芡，傾入蛋白攪勻，淋在蝦
夾面上即成。

日式炸蝦

材料
帶殼大蝦 15 尾（約 200 克）
鹽 1/4 茶匙
米酒 1/2 湯匙
白胡椒粉 1/8 茶匙

麵漿
麵粉 2 湯匙
雞蛋 1 隻
麵包糠 60 克
炸油 300 毫升

做法
① 帶殼大蝦去腸，洗淨，剝去頭及蝦
殼（尾端保留），腹部朝上，等距
離斜切 5 刀。
② 完成的蝦肉加上鹽、白胡椒粉及米
酒混合均勻，醃漬 15 分鐘。
③ 醃漬完成的蝦先沾上一層薄麵粉，
再沾上一層蛋液，重複此步驟，最
後沾上一層麵包糠，用手捏緊。
④ 燒熱鑊，下油燒至九成熱，將完成
的蝦子入油鍋炸至金黃色，瀝乾油
分即可。吃時可搭配生菜。

炸蝦球

炸

材 料
蝦仁 300 克
半肥瘦豬肉碎 40 克
馬蹄粒 40 克，甘筍粒 20 克
雞蛋 2 隻、麵包糠適量

調 味 料
蛋白 1 隻
鹽、生粉各 1/2 茶匙
胡椒粉、麻油各少許

做 法
① 蝦仁去腸洗淨，用刀拍成茸，加入鹽、蛋白拌醃，加入餘下調味料拌匀，再加豬肉碎拌匀。
② 將蝦茸搋蝦膠，加入馬蹄粒、甘筍粒，搓成球狀。雞蛋拂匀。
③ 將蝦球沾上蛋液，滾上麵包糠，下油鑊慢火炸至金黃熟透。

茄汁蝦球

材 料
蝦仁 300 克，馬蹄肉 80 克
薑茸 1 茶匙，麻油適量

醃 料
蛋白 3 隻，鹽 1/2 茶匙
米酒、生粉各 1 茶匙

芡 汁 料
生粉 1/2 茶匙，水 2 湯匙，
茄汁 1 湯匙，糖 1/2 茶匙，
米酒 1 茶匙

做 法
① 蝦仁和馬蹄肉洗淨，剁成茸，加醃料拌匀，捏成小球。
② 燒熱油鑊，下蝦球炸至金黃，瀝油。
③ 下油爆香薑茸，蝦球回鑊拌匀，加入芡汁料煮滾，淋上麻油即可。

炸蟹箝

水

產

類

蟹

材 料

蟹箝6隻，蝦仁（硬殼蝦）
300克，墨魚膠適量

醃 料

蛋白1隻，生粉1湯匙，
鹽1茶匙，糖1茶匙，油
1茶匙，胡椒粉適量

吉 列 料

雞蛋1隻（打散），粗麵
包糠1杯，麵粉1/3杯

汁 料

檸檬角數件，沙律醬適
量，喼汁適量

做 法

① 蝦仁用鹽水洗淨，加生粉撈勻，用
清水沖洗，然後用廚紙吸乾水分。
放入保鮮袋，用刀大力拍扁。加入
墨魚膠和醃料撈勻，順時針方向大
力攪至起膠，放冰箱冷藏30分鐘。

② 蟹箝洗淨，以大火蒸10分鐘。拆
殼，保留最尖端部分，不要弄破，
再裹上蝦膠。

③ 分別順序沾上麵粉、雞蛋液和麵包
糠，輕輕按實。

④ 熱鑊下適量油，待燒至八成滾，
放入蟹箝，以中火炸至金黃，取出
瀝油。伴以沙律醬或喼汁，配檸檬
角享用。

TIPS

蟹箝蒸熟後立即浸
入冰水，待片刻，
用裹上毛巾的菜刀
輕拍裂，便可輕易
拆殼。

炸蟹棗 🈯經典

材料

蟹肉 300 克
蝦肉 200 克
冬菇絲、韭黃粒各 15 克
馬蹄肉碎 80 克
腐皮 3 張
生粉 1 湯匙

醃料

蛋白 1 隻
鹽、川椒各 1/2 茶匙
薑茸 1 茶匙
胡椒粉少許
生粉 1 湯匙

做法

① 蝦肉和蟹肉切碎，放碗中，加入冬菇、韭黃、馬蹄和醃料拌勻。
② 放入冰箱冷藏 2 小時，取出。
③ 鮮腐皮用濕布略抹、煎成約 5 厘米闊，將餡料包成長方形，再切成斜形塊。
④ 燒熱油鍋，以中火將蝦棗油炸成金黃，以蘇梅醬伴食。

炸

酥炸軟殼蟹

材料

軟殼蟹 4 隻
生粉 2 茶匙
花椒鹽適量

做法

① 軟殼蟹解凍，劏洗淨，抹乾水分。
② 燒熱油鑊，隨即把撲上生粉之軟殼蟹放入滾油內炸至金黃，上碟，撒上花椒鹽即成。

TIPS

一般街市較少出售軟殼蟹，要到凍鮮食品店或大型日式超級市場才能買到。

香酥帶子

材 料

帶子 8 隻
葱茸 1 湯匙
生粉 1 湯匙
花椒粒、鹽各 1 茶匙

醃 料

鹽 1/2 茶匙
麻油、胡椒粉各少許

做 法

① 帶子洗淨,用醃料醃 10 分鐘,汆水,瀝乾水分,撲上生粉。
② 燒熱油鑊,將帶子放入鑊中炸至金黃,盛起。
③ 鑊留餘油,爆香花椒粒、葱茸,將帶子回鑊炒勻,用鹽調味即可。

軟炸扇貝

材 料

扇貝 150 克
花椒鹽 1 茶匙

醃 料

鹽 1/2 茶匙
米酒 1 茶匙

麵 糊

雞蛋 1 隻
麵粉 1 茶匙
上湯 1 湯匙

做 法

① 扇貝洗淨,放入碗內,加醃料拌勻。
② 麵糊拌勻,再放入扇貝沾勻。
③ 燒熱油鑊,下扇貝炸至微黃色,盛起。
④ 再熱油鑊,放入扇貝翻炸至金黃色,瀝油,上碟,沾花椒鹽佐食。

椒鹽墨魚卷

材 料
墨魚肉 300 克
花椒鹽 1 茶匙

醃 料
米酒 1 湯匙
鹽、胡椒粉各 1/4 茶匙
生粉各 1 茶匙
蛋白 1 隻

做 法
① 墨魚肉洗淨，斜剝十字紋，切條，
　 加醃料拌勻。
② 燒熱油鑊，下墨魚條炸至金黃，瀝
　 油，撒上花椒鹽即可。

炸

甜酸魷魚圈

材料

魷魚 250 克
洋葱 1/2 個
青甜椒 1/2 個
菠蘿 2 片,生粉適量

醃料

蠔油 2 湯匙
雞蛋液 1 湯匙
生粉 1 茶匙

調味料

甜酸醬 3/4 杯

做法

① 魷魚洗淨,去衣,橫切成魷魚圈,用醃料醃 1 小時。
② 洋葱洗淨去衣,切絲;青甜椒洗淨去籽,切絲;菠蘿切塊。
③ 魷魚圈表面沾上生粉,燒熱油鑊,用熱油炸至呈金黃色,瀝乾油分,上碟。
④ 再燒熱油鑊,爆香洋葱、青甜椒,加入菠蘿和調味料,煮滾後淋在魷魚圈表面。

椒鹽魷魚鬚

材料

魷魚鬚 500 克
九層塔 10 克
番薯粉 400 克
黃豆粉 60 克
椒鹽 1 茶匙

醃料

生粉 2 湯匙,鹽 1 茶匙
胡椒粉 1/2 茶匙
米酒 2 湯匙,蒜茸 1 湯匙
蛋液 2 湯匙

做法

① 魷魚鬚洗淨,瀝乾,切條狀,放入大碗中,加入醃料拌勻,醃 2 小時。
② 番薯粉和黃豆粉拌勻,放入魷魚鬚,均勻地滾上粉料。
③ 燒熱油鑊,將魷魚鬚放入鑊中炸約 1 分鐘,待魷魚鬚浮起時,以漏勺盛起。
④ 將九層塔放入爪籬中,與魷魚鬚一起放回鑊中,泡油約 5 秒,瀝油,撒上椒鹽即可。

煙肉青口卷

材料
青口 10 隻，煙肉 5 條
沙律醬或茄汁適量

醃料
鹽 1/4 茶匙
米酒、生油各 1 茶匙
生粉 1 茶匙，胡椒粉少許

脆漿料
水 1/2 杯，生粉 1 杯
油 1 湯匙
鹽、胡椒粉各少許

做法
① 青口洗淨，抹乾，以醃料醃 15 分鐘。
② 煙肉條直切為兩條，捲着青口。
③ 將脆漿料攪勻，放入青口卷沾上脆漿，下油鑊中炸至金黃，瀝油，以沙律醬或茄汁伴食。

炸

椒鹽田雞

材料
田雞 2 隻，葱茸、蒜茸、辣椒茸、薑茸各 1 茶匙，芫荽碎 1 湯匙，生粉 1 湯匙

醃料
生抽 1/2 湯匙，糖 1/4 茶匙，米酒 1 湯匙

調味料
鹽 1/4 茶匙，胡椒粉 1 茶匙

做法
① 田雞洗淨、切塊，加入醃料醃約 10 分鐘，沾上生粉。
② 燒熱油鑊，下田雞塊炸至金黃，瀝油。
③ 下油爆香蒜茸、薑茸、辣椒茸、葱茸、芫荽碎，將田雞回鑊，下調味料拌勻即可。

鹹豬肉蒸冬瓜夾

材料

冬瓜 400 克
鹹豬肉 200 克
清雞湯 1 杯

芡汁料

蠔油 1 湯匙
粟粉 2 茶匙
糖 1/2 茶匙
水 3 湯匙

做法

① 冬瓜洗淨，瀝乾水分，去皮，切成長方塊，在中央直切一刀。
② 鹹豬肉切片，釀入冬瓜夾中，排上深蒸碟上，倒下清雞湯。
③ 在鑊中放蒸架，加水至接近蒸架高度，燒滾水，將冬瓜夾用大火隔水蒸約 15 分鐘，熄火，倒出汁液。
④ 芡汁料放碗中拌勻，加入汁液拌勻。
⑤ 另燒熱油鑊，下芡汁料煮至濃，淋上冬瓜夾上即成。

TIPS

冬瓜中央所切的一刀，不要切到底，否則不能夾實鹹豬肉。

梅菜蒸冬瓜

材料
冬瓜 600 克
甜梅菜 150 克
薑絲 1 湯匙

芡汁料
老抽 1 湯匙，糖 2 茶匙
生粉 2 茶匙，水 1.5 湯匙

做法
① 把冬瓜切厚片，備用。
② 梅菜洗淨，用水浸去鹹味，擠乾水分後用油炒香，加少許糖調味。
③ 把冬瓜擺在一個深碗裏，將梅菜放在冬瓜上面，蒸 20 分鐘。
④ 蒸好後，將碗倒扣轉，多餘的汁倒入鑊裏，勾芡，淋上冬瓜表面即可。

冬瓜魚夾

材料
桂花魚 120 克
冬瓜 10 厚片
金華火腿 10 片
冬菇 5 朵，上湯 2 湯匙
糖 1/2 茶匙

醃料
薑汁酒 1/2 茶匙
鹽 1/4 茶匙
胡椒粉、麻油各少許

芡汁料
上湯 1/2 杯，生粉 1 茶匙，糖 1/4 茶匙，胡椒粉、麻油各少許

做法
① 桂花魚洗淨，切厚片，瀝乾水分，用醃料醃 10 分鐘。
② 冬菇浸軟，洗淨，去蒂切半，加入上湯和糖，隔水蒸 10 分鐘。
③ 把冬瓜片、魚片、冬菇及金華火腿片相間排碟上，隔水用中火蒸 8 分鐘，取出後隔去多餘水分。
④ 煮滾芡汁料，淋在魚夾表面，即可。

海鮮冬瓜盅

材 料

冬瓜 600 克
雪耳 20 克
蝦仁、魚肉各 80 克
火腿、鮮蓮子各 80 克
芫荽碎 1 茶匙
上湯適量、糖少許

醃 料

鹽 1/4 茶匙
胡椒粉、麻油各少許
生粉 1/2 茶匙

做 法

① 冬瓜選頭尾部分，不削皮。洗淨後
去瓤，挖去中央部分瓜肉，切成鋸
齒邊。

② 雪耳、蓮子分別浸泡 1 小時，雪
耳去硬蒂，摘小朵用上湯煨熟；蓮
子去芯蒸腍。

③ 蝦仁和魚肉洗淨，加入醃料拌勻；
火腿略洗，切粒。

④ 上湯煮滾，加入所有材料略煮，放
入冬瓜盅內，蒸 1 小時，撒上芫
荽碎，即成。

瑤柱蒸冬瓜球

材 料

冬瓜 600 克
瑤柱 5 粒
薑絲 1 湯匙
水 1/2 杯

調 味 料

水 1/2 杯
生粉水 1 湯匙
麻油、鹽各 1/2 茶匙

做 法

① 冬瓜洗淨，用挖球器挖出球狀。

② 瑤柱洗淨，用水浸軟，撕成絲，留
起汁液待用。

③ 冬瓜球排在碟上，灑上瑤柱絲和薑
絲，用武火隔水蒸 15 分鐘。

④ 拌勻瑤柱汁和調味料，煮滾，淋上
冬瓜球表面，即可食用。

蓮子豬肉釀苦瓜

材料

苦瓜（涼瓜）300 克
豬瘦肉 120 克
鮮蓮子 40 克
蛋白 1 隻
葱粒 1 湯匙
薑茸 1 茶匙

調味料

紹酒 1 湯匙
生粉、生抽各 1 茶匙
胡椒粉少許

做法

① 苦瓜切成環狀，去瓤，洗淨；豬瘦肉洗淨，剁碎；蓮子去芯，切碎。

② 拌勻豬瘦肉、蓮子、蛋白、葱粒、薑茸和調味料，釀在苦瓜內，用武火隔水蒸 30 分鐘，即可食用。

蟹肉釀涼瓜

材料

蟹肉 150 克
紅蘿蔔粒
冬菇粒各 1 湯匙
涼瓜 1/2 個，薑 2 片
葱茸、芫荽碎各 1 茶匙
麻油 2 茶匙，鹽少許
水適量

調味料

生抽、生粉各 1 茶匙
胡椒粉少許、麻油 1 茶匙
鹽 1/2 茶匙

做法

① 涼瓜洗淨，去籽，橫切圈狀。

② 蟹肉、紅蘿蔔粒、冬菇粒和葱茸拌勻成餡料，加調味料拌勻，醃 30 分鐘。

③ 餡料釀入涼瓜內，置碟上。

④ 燒熱油鑊，下麻油，爆香薑片，加入少量水和鹽煮滾，淋在涼瓜上，蒸 15 分鐘，撒上芫荽碎即成。

釀冬菇

蔬果類 冬菇 南瓜

材料

花菇 8 朵
梅頭豬肉 80 克

冬菇醃料

生粉 1 茶匙
油 1 茶匙
糖 1/2 茶匙

豬肉醃料

生抽 1 茶匙
糖 1/2 茶匙
粟粉 1/2 茶匙

芡汁料

生油 1/2 湯匙
老抽 1 茶匙
生粉 1 茶匙
糖 1/2 茶匙
麻油 1/2 茶匙
水 1 湯匙

做法

① 冬菇浸軟，去蒂，洗淨，瀝乾水分，加冬菇醃料略醃。

② 梅頭豬肉洗淨，瀝乾水分，剁碎後放大碗中，加豬肉醃料順一個方向攪拌至起膠。

③ 將梅頭豬肉碎釀在冬菇中，排放在蒸碟上。

④ 在鑊中放蒸架，加水至接近蒸架高度，燒滾水，將釀冬菇用大火隔水蒸約 15 分鐘，熄火。

⑤ 芡汁料放碗中拌勻。另燒熱油鑊，下芡汁料煮滾，淋在釀冬菇上即成。

TIPS

免治豬肉以細切大剁的方式剁成，比用攪拌機攪出的有口感。

排骨蒸南瓜

材料
南瓜 600 克
排骨 300 克

醃料
豆豉、蒜茸各 2 湯匙
生抽、老抽、生粉、油各
1 湯匙
砂糖 1 茶匙
鹽 1/2 茶匙

做法
① 南瓜洗淨，去皮去籽，切塊，排在碟上。
② 排骨洗淨，斬件，汆水，過冷河，瀝乾水分，用醃料醃 1 小時。
③ 把排骨鋪在南瓜上，用大火隔水蒸 25 分鐘，即可食用。

素菜南瓜盅

材料
南瓜 1 個（約 750 克），西芹 70 克，南瓜肉 50 克，草菇 1/3 杯，鮮蓮子 30 克，鮮百合 20 克，馬蹄（去皮）6 粒，紅蘿蔔（去皮）1/4 條，蒜茸、薑茸各 1 茶匙

調味料
上湯 1/4 杯、蠔油 2 湯匙，米酒 1 茶匙

汁料
鹽 1/2 茶匙、生粉 1 茶匙，上湯 2 湯匙，胡椒粉、麻油各適量

做法
① 西芹洗淨，切斜片；馬蹄、紅蘿蔔分別洗淨，切片。南瓜洗淨，從南瓜頂端 1/4 處橫切開，挖出瓤和少許南瓜肉。
② 燒熱油鑊，爆香蒜茸、薑茸，加入其餘材料（南瓜除外）略炒，下調味料炒勻，將材料倒入南瓜盅內以猛火蒸 10 分鐘，取出。汁料煮滾，淋在南瓜盅內。

鹹蛋黃蒸南瓜

材 料

南瓜 250 克
鹹蛋黃 50 克
葱茸少許

調 味 料

鹽、胡椒粉各 1/4 茶匙
上湯 1 湯匙

做 法

① 南瓜去皮，去瓤，切薄片，洗淨。
② 鹹蛋黃蒸熟，壓成茸。
③ 南瓜片與調味料拌勻，排在碟上，
　 鋪上鹹蛋黃茸，以中火蒸約 15 分
　 鐘，撒上葱茸即可。

原個南瓜蒸肉

材 料

南瓜（約 550 克）1 個
半肥瘦豬肉 480 克
糯米（已浸泡）80 克
花椒 1/2 茶匙

調 味 料

生抽 1.5 湯匙
上湯 2 湯匙
南乳汁 1/2 湯匙
紅糖 1/2 湯匙
米酒、葱茸各 2 茶匙
薑茸 1 茶匙

做 法

① 南瓜洗淨，切出頂部約 1 厘米作
　 南瓜蓋，挖去瓤。
② 豬肉洗淨，切片。
③ 糯米洗淨，瀝乾，和花椒拌勻，下
　 白鑊炒至黃色，磨成粗粉。
④ 豬肉片用調味料拌勻，加糯米粉再
　 拌勻，釀入南瓜中，蓋上瓜蓋，蒸
　 約 1 小時，即成。

蒜茸蒸茄子

材料
茄子 1 條
蒜茸 1 1/2 湯匙
葱花 1 湯匙

芡汁料
生抽 2 茶匙
麻油 1 茶匙

做法
① 茄子洗淨，瀝乾水分，開邊。
② 在鑊中放蒸架，加水至接近蒸架高度，燒滾水，將茄子用大火隔水蒸約 6 分鐘，取出。
③ 灑下葱花，下麻油。
④ 燒熱油鑊，下蒜茸爆香，熄火，加生抽拌勻，淋在茄子上即成。

TIPS
茄子切開後，蒸煮前要放鹽水中浸泡，可保持色澤鮮艷。

蒜茸粉絲蒸節瓜

材料

節瓜 2 個
蒜茸 4 湯匙
粉絲 1/2 紮
上湯 1 杯

調味料

生抽 2 湯匙
糖 1/2 茶匙
熟油 1 茶匙

做法

① 節瓜刮皮，洗淨，橫切件。
② 粉絲浸軟，瀝乾水分，切段。
③ 燒熱上湯，放入粉絲煮一會，盛起。
④ 節瓜排放碟上，鋪上粉絲，再撒上蒜茸，隔水蒸約 10 分鐘，淋上煮滾的調味料即可。

冬菇醬汁絲瓜

材料

絲瓜 320 克
冬菇（浸軟）8 朵
薑茸 1 湯匙

調味料

糖 1/2 茶匙
生粉 1 茶匙
沙茶醬 1 湯匙
蠔油、生抽各 1/2 湯匙
（拌勻）

做法

① 絲瓜洗淨，刨去硬角，切片。
② 冬菇洗淨，去蒂切片。
③ 絲瓜片排放在碟上，放上冬菇片，淋上調味料，撒上薑茸，用猛火蒸 6 分鐘即可。

菇粒絲瓜蒸麵筋

材料

絲瓜 1 條
麵筋 260 克
冬菇（浸軟）3 朵
蒜茸、葱茸各 1 湯匙
芫荽碎 1 湯匙

調味料

鹽、胡椒粉各 1/4 茶匙
上湯 1 湯匙
麻油適量
生粉 1 茶匙

做法

① 絲瓜洗淨，刨去硬角，切片；冬菇洗淨，去蒂，切粒。
② 麵筋洗淨，瀝乾，切片。
③ 絲瓜片與麵筋片排在碟上，以中火蒸 10 分鐘。
④ 燒熱油鑊，下油爆香蒜茸，加入冬菇粒和調味料煮滾，放上絲瓜和麵筋，撒上葱茸、芫荽碎即成。

瑤柱蝦膠釀絲瓜

材料

絲瓜 200 克
蝦膠 80 克，金菇 40 克
瑤柱（浸軟）2 粒
葱茸、薑茸各 1 湯匙

醃料

鹽、生粉各 1/4 茶匙
蛋白 1/2 隻

芡汁料

生抽、鹽各 1 茶匙
水 1 湯匙

做法

① 絲瓜洗淨，刨去硬角，切環；瑤柱洗淨，蒸軟，瀝乾水分，以手撕成絲。
② 金菇切去根部，洗淨，汆水，盛起，泡於冷水中，瀝乾水分，切段。
③ 蝦膠加醃料拌勻，釀在絲瓜環上，放上金菇段和瑤柱絲，用猛火蒸 8 分鐘。
④ 燒熱油鑊，爆香葱茸、薑茸，下芡汁料煮滾，淋在釀絲瓜上即可。

豉香芥蘭魷魚片

材料

魷魚（約 750 克）1 條
芥蘭 40 克
蒜茸 1/2 茶匙
豆豉茸 1/2 湯匙
熟油 1/2 湯匙
鹽 1/3 茶匙

醃料

葱薑汁 1 茶匙
米酒、鹽各 1/2 茶匙
生粉 1/2 湯匙

做法

① 魷魚劏洗淨，起肉切片，以醃料拌醃約 10 分鐘。
② 芥蘭洗淨，切段，汆水。
③ 將魚片擺放於抹過薄油的碟上，用中火蒸約 10 分鐘，淋上熟油，取出。
④ 燒熱鑊，爆香蒜茸、豆豉茸，拌勻芥蘭，與魷魚片一齊上碟。

鮮雜菌白菜卷

材料

大白菜 8 片
鮮蘑菇、鮮冬菇 160 克
草菇 160 克
洋葱碎、西芹碎 80 克
蒜茸 2 湯匙、米酒 2 茶匙

調味料

鹽 1/2 茶匙
糖 1/4 茶匙
黑胡椒碎 1/8 茶匙

做法

① 鮮蘑菇、鮮冬菇和草菇洗淨，切碎。
② 大白菜洗淨，汆水至軟身，取出搾乾水分。
③ 起油鑊，爆香蒜茸，炒香洋葱碎和西芹碎，再加入雜菌同炒，下調味料，待炒香後，潷米酒。
④ 將雜菌均分為 8 份，放在每 1 片的大白菜上，捲成筒狀，猛火蒸約 6 分鐘即成。

釀藕片

材料

蓮藕 1 節，免治豬肉 80 克，蔥 1 棵

醃料

鹽 1 茶匙，生抽 1/2 茶匙，糖 1/2 茶匙，生粉 1/2 茶匙，油 1 茶匙

芡汁料

蠔油 2 湯匙，生粉 2 茶匙，清水 3 湯匙，麻油少許

做法

① 蓮藕洗淨，切齊頭尾，放入滾水中煮 8 分鐘，取出瀝乾水分，待涼。

② 免治豬肉下醃料醃 10 分鐘，然後將肉碎釀入蓮藕中。

③ 蓮藕隔水蒸 10 分鐘，涼凍後切片。

④ 燒熱 1 湯匙油，爆香蔥，下芡汁料，煮全濃稠。淋在藕片上。

TIPS

釀肉時可利用筷子將肉碎塞進蓮藕縫中。

蒸

蒸糯米釀蓮藕

材 料

大蓮藕 2 節
糯米 20 克

汁 料

鹽、糖各 1/2 茶匙
上湯 1 杯
生粉 1 茶匙
麻油適量

做 法

① 糯米用水浸泡至發脹，瀝乾水分。
② 蓮藕洗淨，去兩頭，將糯米填塞進藕孔。
③ 蓮藕放在碟上，以猛火蒸 20 分鐘。取出，切片。
④ 汁料煮滾，淋在藕片上即可。

蒸芽菜番薯片 素

材 料

番薯 400 克
芽菜 100 克
雞蛋 2 隻，生粉 2 湯匙
花椒數粒

汁 料

鹽、老抽 1/2 茶匙
薑茸、葱茸各 1 茶匙
上湯 100 毫升
胡椒粉、麻油各少許

做 法

① 番薯洗淨，去皮，切厚片，加鹽拌勻醃約 5 分鐘，再打入雞蛋，並加入生粉拌勻。
② 燒熱油鑊，下番薯片炸成金黃，瀝乾油分。
③ 芽菜洗淨，切茸。
④ 將番薯片一層層排放碟上，注入汁料，放上芽菜茸、花椒，用猛火蒸約 25 分鐘取出，即成。

馬鈴薯蒸雞肉

材料
光雞 1 隻
馬鈴薯 300 克

醃料
葱段、薑片各 1 湯匙
米酒 1 茶匙，生粉 1 湯匙

調味料
鹽、米酒、生抽各 1 茶匙
上湯 2 湯匙，花椒數粒
糖 1/4 茶匙，胡椒粉少許

做法
① 光雞洗淨，切塊，加醃料醃約 30 分鐘。
② 馬鈴薯去皮，洗淨，切滾刀塊，下油鑊炸成金黃，盛起，再下雞塊炸至金黃，瀝油。
③ 雞塊和馬鈴薯塊裝入蒸碗內，加入調味料拌勻，用猛火蒸約 1/2 小時至軟爛，取出，反扣在碟上即成。

芋泥鴨

材料
光鴨 1/2 隻
芋頭 1 個，生粉 2 茶匙

醃料
鹽 2 茶匙，胡椒粉少許

調味料
鹽、生粉各 1 茶匙
糖 1/4 茶匙，油 1/2 匙
胡椒粉少許

做法
① 光鴨洗淨，用醃料醃 2 小時。
② 用猛火將光鴨蒸約 30 分鐘後，去骨，切塊，將鴨肉鋪平在碟上，撒上生粉。
③ 芋頭洗淨，去皮，切片，蒸熟後壓成茸，趁熱加入調味料拌勻，鋪在鴨肉上，壓扁平，再用猛火蒸約 30 分鐘，即可。

三寶釀竹笙

材料

竹笙 10 條
火腿 1 片
蘆筍 25 克
冬菇 3 朵

芡汁料

清雞湯 1/4 杯
蠔油 2 茶匙
糖 1 茶匙

做法

① 竹笙浸軟洗淨，瀝乾水分，剪去頭尾。
② 冬菇浸軟，瀝乾水分，去蒂，切絲。
③ 火腿、蘆筍分別洗淨，瀝乾水分。火腿切條，蘆筍切段。
④ 將冬菇、火腿、蘆筍各一釀入竹笙內，排在蒸碟上，芡汁料放碗中拌勻，淋在釀竹笙上。
⑤ 在鑊中放蒸架，加水至接近蒸架高度，燒滾水，將釀竹笙用大火隔水蒸約 8 分鐘即成。

TIPS

所有材料的長度要均一，較美觀。

豆腐番茄蒸蛋 素

材料
豆腐 1 磚
雞蛋 3 隻
肉茄 1 個
水 1/4 杯

調味料
鹽 1/2 茶匙
胡椒粉適量

做法
① 番茄和豆腐洗淨，瀝乾，切小片，放碟上。
② 雞蛋打勻，加入水和調味料拌勻，將蛋液倒入番茄和豆腐上，舀去泡沫，用猛火蒸約 5 分鐘，改用慢火蒸約 5 分鐘即成。

清蒸珍珠丸 經典

材料
五花腩 250 克
馬蹄 50 克
糯米 150 克

醃料
雞蛋 2 隻
生粉 1 湯匙
鹽 1/2 茶匙
米酒 1 茶匙
葱汁 1 茶匙
薑汁 1 茶匙
胡椒粉、麻油適量

做法
① 糯米揀去雜質，用水浸泡一夜，瀝乾。
② 五花腩洗淨，剁爛成肉碎；馬蹄洗淨，去皮，拍鬆，剁成茸。
③ 豬肉碎加馬蹄茸和醃料順一個方向拌成肉餡。
④ 肉餡做成肉丸，逐個滾上糯米，排在碟中，用中火蒸約 15 分鐘至熟透，即可。

筍粒蒸肉

材料

竹筍 150 克
免治豬肉 200 克
醬青瓜 40 克
冬菇（浸軟）5 朵
葱茸 1 湯匙

醃料

雞蛋 1 隻，鹽 1/2 茶匙
米酒 1 茶匙，生抽 1/2 茶匙
麻油、胡椒粉各適量

做法

① 竹筍去殼，汆水，切成小粒；醬青瓜、冬菇去蒂，切小粒。

② 免治豬肉加醃料、竹筍粒、醬青瓜粒、冬菇粒拌勻，放碟中鋪平成肉餅。

③ 燒滾水，把肉餅隔水蒸約 15 分鐘，撒上葱茸，即可。

蒸釀青椒

材料

青甜椒 5 個（小）
免治豬肉 160 克
芫荽葉、火腿片各 1 湯匙
生粉適量

醃料

葱茸、薑茸、生粉各 1 茶匙
鹽 1/4 茶匙，麻油適量
上湯 100 毫升，雞蛋 1 隻

汁料

鹽 1/2 茶匙，生粉 1 茶匙
水 1 湯匙，麻油少許

做法

① 免治豬肉加醃料拌勻成肉餡。

② 青甜椒洗淨，瀝乾，切半，去籽，每半內壁撲一層薄生粉，釀入肉餡，掃平，點綴上芫荽葉和火腿片，逐一完成後，排在碟上，用中火蒸約 15 分鐘至剛熟，取出。

③ 煮滾汁料，淋在釀青甜椒上即成。

瑤柱陳皮蒸銀鱈魚

材料

銀鱈魚 300 克
瑤柱 2 粒
陳皮 1/2 塊
葱粒、薑絲各 1 湯匙
紅辣椒絲適量

調味料

魚露、紹酒各 1 茶匙
雞粉、糖各 1/2 茶匙
胡椒粉、麻油各少許

做法

① 所有材料洗淨；瑤柱浸軟，撕成絲；
　 陳皮浸軟，去瓤，切絲。
② 銀鱈魚排在碟上，把其他材料鋪在
　 表面，加入調味料，隔水蒸 15 分
　 鐘即可。

鮮茄銀鱈魚

水產類 銀鱈魚 鱸魚

材料

銀鱈魚 300 克
番茄 6 個
薑茸、蒜茸各 1 茶匙
上湯 1/3 杯

醃料

鹽、胡椒粉各 1/2 茶匙

調味料

鹽、胡椒粉各 1/2 茶匙

做法

① 番茄洗淨，去蒂，切塊。
② 銀鱈魚洗淨，瀝乾水分，用醃料醃 15 分鐘。
③ 燒熱油鑊，爆香薑茸和蒜茸，把銀鱈魚煎至兩面呈金黃色，加入番茄和上湯，蓋上蓋煮 10 分鐘，下調味料即可。

冬菜蒸鱈魚

材料

銀鱈魚 250 克
冬菜 2 湯匙
葱茸 1 湯匙

醃料

鹽 1/4 茶匙
胡椒粉少許

調味料

鹽 1/4 茶匙
葱茸、麻油各 1 茶匙
生粉 1 茶匙
胡椒粉少許

做法

① 銀鱈魚解凍，洗淨，切厚片。
② 冬菜洗淨，剁碎，加入調味料拌勻。
③ 銀鱈魚片以醃料醃 10 分鐘，放在抹過少許油的碟上，放上冬菜，以猛火蒸約 8 分鐘至熟，上碟，再撒上葱茸即可。

清蒸鱸魚

材料

鱸魚 1 條（500 克）
葱段 1 湯匙
薑絲 1 湯匙
葱絲 1 湯匙
胡椒粉少許

調味料

蒸魚豉油 2 茶匙

TIPS

最好預先把碟也蒸熱，可以
保持魚的肉質新鮮。

做法

① 鱸魚劏好，洗淨，瀝乾水分，魚身
斜剁兩刀，抹上少許胡椒粉。

② 將一半薑絲和葱段鋪在蒸碟上，放
上鱸魚。

③ 在鑊中放蒸架，加水至接近蒸架高
度，燒滾水，將鱸魚用大火隔水蒸
約 8 分鐘。

④ 熄火，取出鱸魚，倒去碟中蒸魚汁
和棄去薑、葱。

⑤ 另燒熱 2 湯匙油，略爆香薑絲，
熄火，下葱絲、蒸魚豉油拌勻，淋
上鱸魚面即成。

蒸

檸檬蒸鱸魚

材料

鱸魚 1 條，薑茸、蒜茸、蔥茸各 1 湯匙，辣椒茸 1 茶匙，芫荽碎 1 湯匙，檸檬 1/2 個

調味料

魚露 2 湯匙，檸檬汁 2 湯匙，鹽 1/2 茶匙，糖 1/4 茶匙，胡椒粉少許，油 1 茶匙，酒 1/2 湯匙

做法

① 檸檬洗淨，切薄片。
② 鱸魚劏洗淨，在較厚處斜剝兩刀，放在抹過少許油的碟上。
③ 將薑茸、蒜茸、蔥茸、辣椒茸和調味料調勻，淋在魚身上，鋪上檸檬片，以中火蒸 10 分鐘。
④ 待魚蒸好時，撒上芫荽碎即可。

水
產
類
鱸
魚
黃
花
魚

豉汁蒸鱸魚

材料

鱸魚1條，生粉1/4茶匙，蔥 1 條，花生油 1 湯匙

調味料

豆豉 1 湯匙，海鮮醬 2 茶匙，老抽 2 茶匙，芝麻油 1/4 茶匙，蒜茸 1 茶匙，薑茸 1 茶匙，白糖 1 茶匙，花生油 2 茶匙

做法

① 蔥切蔥花。鱸魚劏洗淨，瀝乾水分，在表面均勻地抹上生粉。
② 將豆豉、蒜茸、海鮮醬、老抽、白糖、芝麻油、薑茸在碗裏混合。把 2 茶匙花生油燒至八成熱後倒入豆豉混合物調料裏，製成豆豉汁。
③ 將豆豉汁均勻抹在魚身外面及裏面，然後把魚放在碟裏，醃 15 分鐘後用大火隔水蒸約 12 分鐘，取出。把另 1 湯匙花生油燒至八成熱後淋在魚身上，撒上蔥花即成。

麒麟鱸魚

材料
鱸魚 1 條
冬菇（浸軟）4 朵
竹筍 1/2 條
葱絲各 1 湯匙

調味料
酒 1 湯匙、魚露 2 湯匙
糖 1/2 茶匙
油 1/2 湯匙
胡椒粉少許
葱段、薑片各 1 湯匙

做法
① 鱸魚洗淨，將頭、尾切下，再切開兩片魚肉，去除中間大骨，魚肉切厚片。
② 冬菇洗淨，去蒂、切片；竹筍洗淨，先汆熟再切片。在每兩片魚肉中間插入冬菇和筍片，排在抹過油的碟上，並擺上魚頭、魚尾成魚形。
③ 調味料拌勻，淋在魚身上，再鋪上葱段、薑片，用猛火蒸 12 分鐘，取出，棄去葱段、薑片，再撒上葱絲，即可。

酒釀蒸黃花魚

材料
黃花魚 1 條
酒釀 1 湯匙
辣椒絲、葱絲各 1 湯匙
麻油 1 茶匙

做法
① 黃花魚劏洗淨，抹乾，放在抹過少許油的碟上。
② 酒釀淋在黃花魚上，以猛火蒸約 12 分鐘後取出。
③ 撒上辣椒絲與葱絲，淋上麻油，即可。

欖角蒸魚腩

材料

鯇魚腩 1 段（400 克）
油欖角 12 粒
葱段 1 湯匙
薑 2 片，葱花 1 湯匙
薑絲 1/2 湯匙
陳皮絲 1 茶匙
油 1 湯匙
蒸魚豉油 1 湯匙
米酒適量

醃料

鹽 1 茶匙，胡椒粉少許

做法

① 鯇魚腩去鱗洗淨，瀝乾水分，用米酒抹勻魚身，下醃料略醃。

② 將薑片和葱段鋪在蒸碟上，放上鯇魚腩。

③ 油欖角剁碎。將油欖角碎、薑絲、陳皮絲鋪在鯇魚腩上。

④ 在鑊中放蒸架，加水至接近蒸架高度，燒滾水，將鯇魚腩用大火隔水蒸約 12 分鐘。

⑤ 熄火，取出鯇魚腩，灑下葱花。

⑥ 另燒熱 1 湯匙油，熄火，下蒸魚豉油略煮，淋在鯇魚腩上即成。

TIPS

要徹底清除鯇魚腩的黑色薄膜，否則會有腥味。

牛肝菌瑤柱鯇魚

材料

鯇魚 300 克，乾牛肝菌、韭菜花各 80 克，豆腐 1 塊，瑤柱（浸軟）2 粒，紅辣椒（切絲）1 隻，薑 1 片，薑茸、蒜茸各 1 茶匙，葱 1 條，酒 1/2 茶匙，鹽 2 茶匙

調味料

蠔油、生抽各 2 茶匙、胡椒粉、麻油各少許、生粉 1/2 茶匙、水 2 湯匙

做法

① 牛肝菌浸泡約 1 小時，洗淨，加薑片、葱和酒汆水，過冷河。瑤柱加水蒸約 30 分鐘，弄散；韭菜花洗淨，切段。

② 鯇魚和豆腐洗淨，用鹽略醃，放在抹過少許油的碟上蒸約 10 分鐘，倒去水分。

③ 起油鑊，爆香薑茸和蒜茸，下牛肝菌、瑤柱和韭菜花炒勻，灒酒，倒入調味料炒勻，淋在魚面，即成。

清蒸榨菜魚頭

材料

鯇魚頭 1 個，榨菜 75 克，肥豬肉絲 1 湯匙（可不加），芫荽葉，青椒絲，紅椒絲各 1 湯匙，熟油 1 湯匙

醃料

鹽、米酒各 1/2 茶匙
葱絲、薑絲各 1 湯匙
胡椒粉適量

調味料

麻油適量

做法

① 鯇魚頭洗淨，切成兩半，汆水，洗淨，瀝乾，加醃料醃約 15 分鐘。

② 榨菜洗淨，切成幼絲。

③ 魚頭放在抹過油的碟上，先撒上榨菜絲和肥豬肉絲，用猛火蒸約 20 分鐘至熟透，取出，棄去肥豬肉絲，撒上青、紅椒絲和芫荽葉，淋上熟油，即成。

豆豉蒸鯇魚

材料

鯇魚 450 克
豆豉 1.5 湯匙
薑茸、紅辣椒茸各 1 湯匙
葱茸 1 湯匙
熟油 1 湯匙

醃料

葱段 1 湯匙
薑 2 片
鹽 1/2 茶匙
酒 1 湯匙

汁料

油 1 湯匙
生抽 2 茶匙
糖 1/2 茶匙
水 2 湯匙

做法

① 鯇魚劏淨，抹乾水分，在兩邊魚身
劃數刀，用醃料塗勻，醃 10 分鐘，
棄去葱薑，將魚放在抹過少許油的
碟上。

② 豆豉以水略浸，瀝乾，與薑茸、紅
辣椒茸和汁料拌勻，淋在魚身上，
以猛火蒸約 12 分鐘至熟。

③ 撒下葱茸，淋下熟油，即可。

TIPS

調味前，把魚
肉放在鹽水浸
泡 10 分鐘，可
去除泥味。

大頭菜蒸鯇魚腩

材 料

鯇魚腩 600 克
大頭菜 1 小個
黃糖 1/2 茶匙
鹽 1/4 茶匙
生抽 2 茶匙
薑絲、葱絲各 3 湯匙
紅辣椒絲 2 湯匙
熟油 1 湯匙

做 法

① 大頭菜洗淨，切去菜葉，削皮後切絲，用水沖去鹹味，擠乾水分，加糖拌勻。
② 鯇魚腩洗淨，刮去肚內黑色薄膜，抹乾水分，用鹽擦勻內外，放在抹過少許油的碟上，鋪上薑絲、大頭菜絲。
③ 用猛火蒸約 12 分鐘，取出，倒去魚汁，淋上生抽、熟油，放葱絲和紅辣椒絲在魚腩上即成。

麵醬蒸魚雲

材 料

大魚頭 1 個
豆腐泡 20 克
薑絲、紅椒絲各適量
葱段、熟油各適量

醃 料

麵豉醬 1.5 湯匙
紹酒 1 湯匙，生抽 1 茶匙
生粉 2 茶匙，糖 1 茶匙
胡椒粉少許

做 法

① 魚頭洗淨斬件，瀝乾水分，用醃料醃 15 分鐘。
② 豆腐泡置於碟上，鋪上大魚頭，放下薑絲及紅椒絲，以大火蒸 12 分鐘，加入葱段，澆上熟油即成。

鹹檸檬蒸烏頭

材料

烏頭 1 條
鹹檸檬 1 個
薑茸 2 茶匙
薑切絲 2 片
蔥絲、芹菜絲各適量

調味料

鹽 1 茶匙
魚露 1 茶匙
胡椒粉適量

做法

① 烏頭去內臟，洗淨抹乾。
② 鹹檸檬去核切片。
③ 烏頭先用鹽 1 茶匙抹勻魚身內外。
　 放上鹹檸檬片、薑茸，同蒸約 10
　 分鐘，取出瀝掉水分。
④ 放上蔥絲、芹菜絲，燒滾油淋面，
　 下調味料即可。

豉汁蒸烏頭

材料

烏頭 1 條
豆豉茸、蒜茸各 1/2 湯匙
葱絲、薑絲各 1 湯匙
熟油、生抽各 1 湯匙

醃料

生抽、生粉各 1 茶匙
糖 1/4 茶匙
胡椒粉少許

做法

① 烏頭劏洗淨，抹乾水分，用醃料塗勻。
② 燒熱油鑊，爆香蒜茸，下豆豉茸略炒，盛起。
③ 把薑絲鋪在抹過油的碟上，放上烏頭，將部分爆香的蒜茸和豆豉鋪在魚身上。
④ 猛火蒸約 9 分鐘，取出，倒去蒸魚水，把餘下的蒜茸、豆豉、葱絲鋪在魚面，淋入煮滾的熟油和生抽，即可。

清蒸烏頭

材料

烏頭 1 條
陳皮 1 角
薑絲 1 湯匙
冬菇 2 朵
葱 1 條
生油 1.5 湯匙
蒸魚豉油 3 湯匙

做法

① 烏頭劏好洗淨，抹乾魚身。
② 陳皮浸軟，刮去瓤，切絲；冬菇浸軟，切絲；葱洗淨，切絲。
③ 將烏頭放碟上，鋪上陳皮絲、冬菇絲、薑絲，隔水用猛火蒸 15 分鐘，撒上葱絲，淋上滾油，放入蒸魚豉油調味，即成。

潮州凍烏頭

材 料

烏頭 1 條
薑 3 片

汁 料

普寧豆豉醬 1 小碟

做 法

① 烏頭劏好洗淨，不必去鱗，將魚放碟上。

② 鑊內燒滾水，把魚連碟放入鑊中，猛火蒸約 15 分鐘，取出待涼，用保鮮紙包好，放入雪櫃，約 2 小時後即可取出蘸醬汁進食。

薑葱蒸石斑塊

材 料

石斑 600 克
薑絲 1 湯匙
葱 1 棵
油 1.5 湯匙

醃 料

鹽、生粉各 1 茶匙
胡椒粉 1 茶匙

做 法

① 石斑洗淨，切塊狀，用醃味料拌醃 20 分鐘，盛於碟中。

② 葱洗淨，切葱花。

③ 將鑊內水燒滾，放入石斑，均勻撒上薑絲，隔水猛火蒸 15 分鐘，下葱花，淋上滾油即成。

TIPS

生薑能辟除魚腥味，還有天然的止痛作用。

核桃松子三文魚卷

材料

三文魚 120 克，松子仁 10 克，核桃 10 克，韭菜花 20 克，雲耳（浸軟） 10 克

醃料

鹽 1/4 茶匙，生粉 1/2 茶匙，蛋白 1/2 茶匙，油少許

做法

① 三文魚切薄片，加入醃料醃 20 分鐘。

② 松子仁、核桃分別炸至金黃香脆。

③ 韭菜花洗淨，汆水至軟身，過冷河；雲耳以猛火蒸 10 分鐘。

④ 將松子仁、核桃、雲耳捲入魚片中，用韭菜花紮實，排放碟中，即成。

蒜香帶魚

材料
帶魚 600 克
熟油 1 湯匙
炸蒜茸 1 湯匙
芫荽碎 1 湯匙
米酒 1 湯匙

醃料
鹽 1 茶匙
蒜茸 1 湯匙
葱茸、薑茸 1 湯匙
胡椒粉適量

做法
① 帶魚刮去潺，洗淨，切段，放入加了米酒的滾水中汆水，盛起，瀝乾，加醃料醃約 10 分鐘。
② 帶魚放在抹過油的碟上，用猛火蒸約 7 分鐘至剛熟取出，撒上芫荽碎和炸蒜茸，淋上熟油即可。

清蒸鱠魚

材料
鱠魚 1 條
豬瘦肉 40 克
冬菇 2 朵
陳皮 1 角

醃料
生抽 1/2 茶匙
生粉 1/2 茶匙
油 1/2 茶匙
糖 1/4 茶匙

做法
① 材料洗淨。豬瘦肉切絲，用醃料醃 15 分鐘。
② 冬菇浸軟，去蒂切絲；陳皮浸軟，刮去瓤，切絲。
③ 把鱠魚平放碟，上面放上肉絲、冬菇絲、陳皮絲，用猛火蒸 10 分鐘即成。

紅辣椒蒜茸蒸鱠魚

材 料
鱠魚 1 條（約 500 克）
熟油 1/2 湯匙

醃 料
紅辣椒茸 1 湯匙
蒜茸 2 湯匙
鹽、米酒各 1/2 茶匙
薑汁、葱汁各 1 茶匙
胡椒粉適量、油適量

做 法
① 燒熱油鑊，爆香蒜茸、紅辣椒茸。其餘醃料加水 2 湯匙煮滾成汁料，待涼。
② 鱠魚劏洗淨，在兩側剝上十字花紋，放在抹過少許油的碟上，將醃味汁料抹勻魚身，醃約 10 分鐘，用猛火蒸約 15 分鐘至熟。再撒上熟油、紅辣椒茸和蒜茸，即可進食。

豉椒香辣鱠魚

材 料
小鱠魚 1 條，葱段 1 湯匙
薑 3 片，熟油適量
芫荽葉 1 湯匙

醃 料
葱汁、薑汁各 1 茶匙
鹽、米酒各 1/2 茶匙
胡椒粉適量

汁 料
豉椒茸、紅辣椒茸、辣椒
豉油、生抽各 1 湯匙

做 法
① 鱠魚劏洗淨，在魚身兩側分別剝上 3 刀，用醃料醃 30 分鐘，抹乾水分。
② 將汁料均勻地塗在鱠魚上，放入墊有葱段、薑片、抹過少許油的碟上，用猛火蒸約 8 分鐘至剛熟時，取出，棄去葱段、薑片，澆上燒熱的熟油，撒上芫荽葉即成。

冬菜蒸龍脷柳

材料

龍脷柳2條（400克）
冬菜 1 湯匙
葱花 1 湯匙
蒸魚豉油 1 湯匙
粉絲少許
米酒適量
粟粉適量

醃料

鹽 1 茶匙
胡椒粉少許

做法

① 龍脷柳解凍後洗淨，瀝乾水分，用米酒抹勻魚肉，下醃料略醃，塗抹少許粟粉。

② 冬菜洗淨，瀝乾水分備用。粉絲浸軟，瀝乾水分。

③ 將粉絲鋪在蒸碟上，放上龍脷柳，冬菜鋪在龍脷柳上。

④ 在鑊中放蒸架，加水至接近蒸架高度，燒滾水，將龍脷柳用大火隔水蒸約 8 分鐘。

⑤ 熄火，取出龍脷柳，灑下葱花。

⑥ 另燒熱 2 湯匙油，熄火，下蒸魚豉油略煮，淋在龍脷柳上即成。

TIPS

龍脷柳解凍後要立即煮，解凍後不要再放回冰箱，否則肉質會變霉。

欖菜蒸魚柳

材 料
龍脷柳 300 克
橄欖菜 2 湯匙，葱粒 1 湯匙

醃 料
紹酒、生粉各 1 湯匙
鹽、砂糖各 1/2 茶匙
胡椒粉少許

調 味 料
生抽 2 湯匙，麻油 1 湯匙

做 法
① 龍脷柳洗淨，切塊，用醃料醃 30 分鐘，排在碟上。
② 在龍脷柳表面加上橄欖菜，用大火隔水蒸 8 分鐘，在表面淋上調味料，撒上葱粒即成。

豉汁蟠龍鱔

材 料
白鱔 1 條（約 750 克）
葱絲適量
熟油適量

調 味 料
陳皮絲 1/4 角
紅椒絲適量
蒜茸、豆豉各 1 茶匙
生粉 1 湯匙
老抽、水各 1 湯匙
糖 1/2 茶匙，鹽 1/4 茶匙
麻油、胡椒粉適量

做 法
① 白鱔用鹽溫水清洗，去潺去內臟，切成節狀，吸乾水分。
② 把白鱔放在圓碟上，拌勻調味料，放在大火上蒸 10 分鐘。
③ 灑上葱絲，灒熟油即可享用。

紫菜鯪魚卷

材料

鯪魚肉 300 克
即食紫菜 2 張
紅蘿蔔、西芹各 1 條

醃料

鹽、米酒各 1/2 茶匙
薑葱水、生粉各 1 茶匙
蛋白 1 隻
胡椒粉適量

做法

① 鯪魚肉加醃料拌勻。
② 紅蘿蔔、西芹洗淨，切成筷子條狀。
③ 將紫菜平鋪，上面均勻地塗上一層鯪魚肉，紅蘿蔔、西芹各 1 條放於一端，由外向內捲起來，排放在抹過油的碟上，猛火蒸 8 分鐘，取出，切段即成。

欖角蒸鯪魚

材 料

鯪魚 1 條
欖角 40 克
薑茸、葱茸各 1 湯匙
生抽、熟油各 1 湯匙

調 味 料

生抽、蠔油各 1/2 茶匙
油 1/2 茶匙
糖 1/4 茶匙
麻油、胡椒粉少許

做 法

① 鯪魚劏洗淨，在每邊魚身�兩刀，
　放在抹過油的碟上。
② 欖角切碎，與調味料拌勻，鋪在鯪
　魚上，以猛火蒸 8 分鐘至剛熟，
　取出加上薑茸、葱茸，澆上熟油和
　生抽即可。

蒜茸豆豉金菇蒸鯪魚

材 料

鯪魚 1 條（約 600 克）
金菇 100 克
葱茸、熟油各 1 湯匙
胡椒粉少許

調 味 料

豆豉茸、蒜茸各 1 湯匙
辣椒 1 湯匙
蠔油、老抽各 1/2 茶匙
油 1/2 茶匙
麻油少許

做 法

① 鯪魚劏洗淨，在每邊魚��** 兩刀，放
　在抹過油的碟上。
② 金菇切去根部，汆水，瀝乾水分。
③ 將胡椒粉撒在魚身，放上金菇，再
　將調味料均勻地撒在魚身和金菇
　上，以猛火蒸 8 分鐘至熟，撒上
　葱茸，澆上熟油即可。

麵醬蒸獅子魚

材料

獅子魚 800 克
葱段 1 湯匙
薑 2 片
米酒適量

醃料

麵豉醬 1 湯匙
胡椒粉少許

做法

① 獅子魚劏好洗淨，瀝乾水分，用米酒抹勻魚肚，下醃料略醃。

② 將薑切絲和葱段鋪在蒸碟上，放上獅子魚。

③ 在鑊中放蒸架，加水至接近蒸架高度，燒滾水，將獅子魚用大火隔水蒸約 5 分鐘。熄火，取出獅子魚即成。

TIPS

用米酒抹魚身或醃魚時加胡椒粉，可去除魚腥味。

鮑魚香菇紥

材 料

罐頭鮑魚 1 罐
冬菇、火腿各 40 克
天津白菜葉 4 片
上湯適量

調 味 料

麻油 1 茶匙
鹽 1/2 茶匙
胡椒粉少許

做 法

① 天津白菜葉洗淨；鮑魚、火腿切粒，下調味料拌勻；冬菇洗淨，浸軟，去蒂，切粒。
② 所有材料用上湯略煮，盛起，瀝乾湯汁。
③ 用天津白菜葉包起適量鮑魚、冬菇和火腿，捲成卷狀，排在碟上隔水蒸熟。

蒜茸蒸鮮鮑魚

材 料

鮮鮑魚仔 320 克
葱茸 1 湯匙
生抽 2 茶匙
蒜茸、熟油各 2 湯匙
鹽、糖各 1/2 茶匙

做 法

① 鮮鮑魚仔洗淨，去掉腸臟。
② 燒熱油，將蒜茸放碗內，灒入熟滾油，再拌入鹽和糖。
③ 將蒜茸油淋於每隻鮑魚上，用猛火蒸 8 分鐘。
④ 取出後，淋上生抽，撒上葱茸，即成。

荷葉蒸蝦

材料
青蝦 600 克
乾荷葉 1 張

蘸汁料
薑茸 1 茶匙
香醋 2 湯匙（拌勻）

做法
① 青蝦剪去蝦鬚，挑去蝦腸，洗淨。
② 乾荷葉洗淨，放入滾水中汆燙，盛起，放入冷水中浸泡至冷卻，再鋪入蒸籠內，放入青蝦包好，用大火蒸 10 分鐘。
③ 食用時伴以薑醋汁即可。

蝦仁魚肚鮮竹紮

材料
鮮腐竹 4 塊
蝦仁 40 克
蟹柳 8 條
冬菇（浸軟）4 朵
魚肚（浸軟）8 件
珍珠筍 8 條

汁料
上湯 5 湯匙
鹽、生抽各 1 茶匙
糖 1/2 茶匙
麻油少許

做法
① 用熱水把鮮腐竹焯至軟身，切成 8 條長條。
② 材料洗淨；冬菇去蒂，切絲；魚肚汆水，瀝乾。
③ 將冬菇、魚肚、蝦仁和珍珠筍放入汁料內煨約 15 分鐘，瀝乾。
④ 每塊鮮腐竹包入材料及 1 條蟹柳，捲好，排放碟上，隔水蒸 5 分鐘便成。

金銀蒜蒸開邊蝦 經典

材料
中蝦 480 克
蒜茸 3 湯匙
葱花 1 湯匙

醃料
鹽 1 茶匙
胡椒粉少許

調味料
蒸魚豉油 2 湯匙
油 1 湯匙

做法
① 蝦去殼留尾部,去腸,開邊,洗淨,瀝乾水分。下醃料拌勻略醃,將蝦鋪在蒸碟上。
② 在鑊中放蒸架,加水至接近蒸架高度,燒滾水,將中蝦用大火隔水蒸約 5 分鐘。熄火,取出,倒去水分。
③ 另燒熱油,下一半蒜茸炸杳,放在中蝦上,灑下葱花。
④ 再燒滾油,下另一半蒜茸略炒,熄火,下蒸魚豉油略煮,淋在中蝦上即成。

TIPS
從蝦的背部剟一刀,很容易開邊。

蒸

冬菇粉絲蒸蝦仁

材料

蝦仁 40 克
粉絲 1 紮
豬瘦肉 75 克
冬菇（浸軟）5 朵
筍絲、木耳絲各 1 湯匙

調味料

鹽、生抽、老抽各 1 茶匙
糖 1/2 茶匙
麻油少許

做法

① 蝦仁去腸洗淨，用鹽抓洗幾次，瀝乾。
② 豬瘦肉洗淨，烚熟，切幼絲；冬菇去蒂，切絲。
③ 粉絲浸軟，剪碎，瀝乾，與肉絲、冬菇絲、筍絲和木耳絲及調味料拌勻，放碟上。
④ 加入蝦仁，用大火蒸約 8 分鐘至熟，即可進食。

蒜茸蒸蝦

材料

大蝦 400 克
蒜茸 2 湯匙
葱茸、紅辣椒絲 1 湯匙
米酒 1 茶匙

汁料

魚露 1/2 茶匙
生抽 1 茶匙
糖 1/4 茶匙

做法

① 燒熱油鑊，下蒜茸炒至微黃色，盛起。
② 大蝦剪去蝦鬚，蝦背剔開，取出腸臟；洗淨，瀝乾，放碟上，撒上紅辣椒絲，加入適量米酒，用猛火蒸約 8 分鐘至熟。
③ 另起油鑊，加入汁料煮滾，與葱茸、蒜茸一起淋在蝦上即可。

滑蒸冬菇蝦

材料

鮮大蝦肉 400 克
冬菇（浸軟）150 克
熟油 1 湯匙
麻油少許

調味料

葱茸、薑茸各 1 茶匙
鹽、米酒各 1 茶匙
生粉 1 茶匙
水 1 湯匙

做法

① 蝦肉洗淨，瀝乾，挑去蝦腸，切厚片。
② 冬菇去蒂，切片，汆水，擠乾水分。
③ 蝦肉、冬菇加入調味料拌勻，再加熟油拌勻，排在碟上，用猛火蒸約 8 分鐘至熟，澆上麻油即成。

豉油王蒸蝦

材料

中蝦 12 隻
葱粒、蒜茸各 1 湯匙

調味料

生抽 3 湯匙
糖 1 湯匙
麻油 1 茶匙
胡椒粉少許

做法

① 蝦洗淨，去鬚去腳，在背部直切一刀，去腸，洗淨，瀝乾水分。
② 把蝦放在碟上，在表面鋪上葱粒和蒜茸，隔水蒸熟，取出。
③ 燒熱油鑊，煮熱調味料，淋在蒸蝦表面，即可食用。

百花蒸釀豆腐

材料

蝦 100 克
軟豆腐 1 磚
葱花 1 茶匙
粟粉 1 茶匙
鹽水適量

醃料

鹽 1 茶匙
胡椒粉少許

調味料

蒸魚豉油 1 湯匙

做法

① 蝦去殼去腸，洗淨，瀝乾水分。用鹽水略浸，再瀝乾水分。

② 蝦放在砧板上用刀背略拍，再剁，放在大碗中，下醃料拌勻，順一個方向用力攪拌至起膠。

③ 豆腐洗淨，瀝乾水分，切成 8 塊，放在蒸碟上，豆腐面上掃上粟粉，釀入蝦膠。

④ 在鑊中放蒸架，加水至接近蒸架高度，燒滾水，將釀豆腐用大火隔水蒸約 8 分鐘，熄火，取出，倒去碟中水分，加葱花。

⑤ 燒滾油，熄火，下蒸魚豉油略煮，淋在蝦膠上即成。

TIPS

蝦蒸煮前用鹽水略浸，可保持肉質爽口。

繡球蝦仁

材料

蝦仁、雞胸肉 120 克
菠菜 80 克
火腿、冬菇各 20 克

醃料

蛋白 3 隻
鹽 1/2 茶匙
胡椒粉、水各適量

調味料

水 5 湯匙
生粉水 3 湯匙
薑茸、麻油各 1 茶匙
鹽 1/2 茶匙

做法

① 所有材料洗淨；蝦仁去腸洗淨，剁碎；菠菜切去根部，切碎；火腿切絲；冬菇浸軟，去蒂，切絲。
② 雞胸肉洗淨，剁成茸，用醃料醃 15 分鐘，加入其他材料，拌勻，搓成雞茸丸子，用武火隔水蒸 5 分鐘。
③ 燒熱油鑊，煮熱調味料，淋在雞茸丸子表面，即可食用。

鹽蒸蝦

材料

中蝦 600 克
葱段 2 湯匙
薑 3 片

調味料

紹酒 1 湯匙
鹽 2 茶匙

做法

① 中蝦去鬚去腳，在背部直切一刀，去腸，洗淨，瀝乾水分。
② 把蝦排在碟上，在表面鋪上葱段、薑片和調味料，用武火蒸 10 分鐘即成。

鮮蝦油豆腐

材料

鮮蝦 6 隻
火腿扒 1 片
蘆筍 6 條
日本油揚 6 個
韭菜 6 條

芡汁料

清湯 1/4 杯
粟粉 1 湯匙
糖 1/4 茶匙
鹽 1/4 茶匙

做法

① 鮮蝦去殼去腸,洗淨,瀝乾水分。火腿扒洗淨,瀝乾水分,切粗條。蘆筍洗淨,切成火腿條般長度。

② 韭菜和油揚分別洗淨,瀝乾水分。鑊中燒滾水,加入汆水,取出,壓出水分。

③ 把 1 條蘆筍、1 條火腿和 1 隻蝦放在油揚上,用韭菜綁好,放蒸碟上。

④ 燒滾水,將油揚卷用大火隔水蒸約 5 分鐘至熟,熄火,取出,倒去水分。

⑤ 將芡汁料放碗中拌勻。燒熱鑊,下芡汁料,拌勻,煮成玻璃芡,淋在油揚上即成。

TIPS

可因應個人口味而用其他配料代替火腿、蘆筍。

百花蒸釀香菇

材料

蝦膠 200 克
冬菇 20 朵，蟹黃 2 湯匙
上湯 1 杯，生粉適量

醃料

紹酒、薑汁各 1 茶匙

調味料

上湯 1/2 杯
生粉水 1 湯匙
鹽 1/2 茶匙

做法

① 蟹黃用醃料醃 10 分鐘，待用。
② 冬菇浸軟，去蒂，用上湯煮滾，盛起，瀝乾湯汁。
③ 在冬菇內側抹上適量生粉，釀入蝦膠，鋪上蟹黃，隔水蒸 5 分鐘，取出。
④ 拌勻調味料，煮至汁液濃稠，淋在冬菇表面，即可食用。

清蒸大龍蝦

材料

活紅龍蝦（已放尿）750 克
熟油 2.5 湯匙，薑絲 1 湯匙
葱絲、紅辣椒絲各 1 湯匙

醃料

鹽、米酒各 1 茶匙
薑片、葱段各 1 湯匙
胡椒粉少許

蘸料

薑醋汁、辣椒油各 1 小碟

做法

① 活龍蝦劏淨，斬去頭、尾，再去殼，起肉，切塊；與頭、尾一起放在碗內，加入醃料醃約 10 分鐘。
② 龍蝦肉、頭、尾排放碟上，淋上熟油，用猛火蒸約 8 分鐘至熟，取出，撒上薑絲、葱絲和紅辣椒絲，澆上熟油，食用時伴以薑醋汁或辣椒油。

清蒸花蟹

材料
花蟹 1 隻

調味料
花椒數粒

蘸料
薑茸 1 茶匙
香醋 2 湯匙

做法
① 把薑茸倒入香醋內拌勻成薑醋汁。
② 蟹洗淨，連捆紮草繩，翻轉放入碟中，加入花椒粒，以猛火蒸 8 分鐘（可熱食或待冷），蘸薑醋汁即可。

酒香肉蟹

材 料
肉蟹 1 隻
薑茸 1 湯匙

調 味 料
米酒 1 湯匙

做 法
① 肉蟹劏淨，斬件，蟹鉗略拍，平鋪
　碟上，均勻地撒上薑茸。
② 在蟹蓋上淋上一半份量米酒，放入
　鑊中以猛火蒸 8 分鐘，上桌前淋
　上餘下的米酒即成。

台山蒸蟹鉢

材 料
熟蟹肉 120 克
豬瘦肉 80 克
油條 1/2 條
雞蛋 3 隻

調 味 料
原粒豆豉（已炒香）10 克
糖 1/2 茶匙
鹽適量

做 法
① 豬瘦肉洗淨，瀝乾水分，剁碎。
② 雞蛋打勻成蛋液。
③ 油條切小段，加入其他材料和調味
　料，拌勻，倒入瓦鉢內，用猛火蒸
　15 分鐘即成。

TIPS
如果家中有焗爐，可用烤焗的方式烹調這
個小菜，吃起來更香口。

香辣蒸蟹

材料

肉蟹 600 克
花椒碎、辣椒油各 1 茶匙
薑 1 塊,芫荽 1 棵
紅辣椒 3 隻
炒香芝麻 1/2 茶匙
鹽、米酒各 1/2 茶匙

芡汁料

生粉 1/2 茶匙
水 1 湯匙

做法

① 肉蟹劏洗淨,每隻切成四件,將蟹鉗略拍,放碟上。

② 材料洗淨。紅辣椒切圈;芫荽切段;薑切茸。將芫荽段、薑茸、一半紅辣椒圈和米酒、鹽一起撒在肉蟹上,以猛火蒸 8 分鐘。

③ 起油鑊,放入辣椒油,將花椒碎、餘下的紅辣椒圈倒入,以慢火炒出香味,將蒸出的湯水全倒入鑊中,拌炒匀,勾芡,撒上芝麻,淋在蟹上即可。

蛋白蒸肉蟹

材料

肉蟹 2 隻
蛋白 3 隻,生粉 1 茶匙
葱絲適量,水 1/2 杯

醃料

油 1 湯匙
紹酒 1/2 湯匙

調味料

生抽 1 茶匙、胡椒粉少許

做法

① 肉蟹劏洗淨,斬件,用醃料醃 15 分鐘。

② 拌匀蛋白、生粉和水,調成蛋白漿。

③ 把肉蟹鋪在碟上,倒入蛋白漿,用中火隔水蒸 10 分鐘,撒上葱絲和調味料即成。

雞油蒸奄仔蟹

材料

奄仔蟹 4 隻
薑 6 片
葱段 2 棵
蒜片 2 粒
雞油 20 克
鹽適量

蘸汁料

浙醋 1/4 杯

做法

① 蟹劏好、洗淨，瀝乾水分，斬件，蟹鉗略拍碎。

② 燒熱雞油，爆香蒜片備用。

③ 蟹件放在蒸碟上，加上薑片和葱段，下少許鹽，再淋上雞油和蒜片。

④ 在鑊中放蒸架，加水至接近蒸架高度，燒滾水，將蟹用大火隔水蒸約 15 分鐘，熄火，取出，與浙醋同上即成。

TIPS

可從雞皮下取出雞膏，慢火煎出即成雞油。

蒸

蒸豬肉釀蟹

材料
蟹 4 隻
免治豬肉 100 克
蝦膠 100 克
豆腐 1 磚
紅辣椒絲 1 茶匙

調味料
雞蛋 1 隻
生粉、麻油各 1 茶匙
鹽 1/2 茶匙
胡椒粉少許

做法
① 材料洗淨。蟹劏洗淨，蒸熟，拆肉，蟹蓋留用。
② 拌勻蟹肉、免治豬肉、蝦膠、豆腐和調味料，釀入蟹蓋內，用猛火隔水蒸 15 分鐘，撒上紅辣椒絲即成。

水產類 蟹

蒜香蒸蟹箝

材料
蟹箝 300 克
蒜茸 2 湯匙
薑茸、葱粒各 1 茶匙

調味料
浙醋 1 湯匙
生抽、麻油各 1 茶匙
糖 1/2 茶匙

做法
① 蟹箝洗淨，用刀背略拍，加入調味料拌勻。
② 把蟹箝排在碟上，鋪上蒜茸和薑茸，用武火蒸 8 分鐘，灑上葱粒即成。

蒸釀蟹蓋

材料

奄仔蟹 4 隻
絞豬肉 300 克
雞蛋 1 隻

醃料

生抽 2 茶匙
生粉 1 茶匙
胡椒粉少許

做法

① 奄仔蟹拆下蟹蓋，劏好，刷洗淨，瀝乾水分備用。

② 絞豬肉加醃料略醃 15 分鐘，加入雞蛋拌勻，釀入蟹蓋中。將蟹蓋放在蒸碟上。

③ 在鑊中放蒸架，加水至接近蒸架高度，燒滾水，將蟹蓋用大火隔水蒸約 10 分鐘，熄火，取出即成。

TIPS

購買蟹回家後，若不是即時煮食，要放入雪櫃，否則容易變壞。

玉蘭蒸蟹球

材料
蟹肉 100 克
蝦膠 180 克
芥蘭梗 8 條
芫荽葉、冬菇絲各 1 湯匙
紅椒絲 1 湯匙

調味料
魚露 1 茶匙
胡椒粉少許

做法
① 蝦膠、蟹肉和調味料拌勻，唧成 8 個橄欖形蟹球，排放碟上。
② 將芫荽葉、冬菇絲、紅椒絲放在蟹球上，以猛火蒸 8 分鐘。
③ 芥蘭梗放入加了油、鹽、糖之沸水內汆熟，撈起伴碟，即成。

豉汁蒸象拔蚌

材料
象拔蚌 3 隻
粉絲 1 小紮
豆豉、蒜茸各 1 湯匙

調味料
生抽 1 湯匙
糖 1 茶匙
鹽 1/2 茶匙
胡椒粉、麻油各少許

做法
① 豆豉略拍；粉絲浸軟，切段。
② 象拔蚌開殼，除去內臟，洗淨待用。
③ 把粉絲放在象拔蚌上，鋪上豆豉和蒜茸，用武火隔水蒸 5 分鐘，淋上調味料即成。

蝦醬蒸魷魚筒

材料
魷魚筒 350 克
蔥花 1/2 湯匙

醃料
蝦醬 1 湯匙
糖 1 茶匙
胡椒粉少許

做法
① 魷魚筒洗淨，瀝乾水分。
② 蝦醬下糖拌勻。魷魚筒加蝦醬、胡椒粉略醃 15 分鐘，排放碟上。
③ 在鑊中放蒸架，加水至接近蒸架高度，燒滾水，將魷魚筒用大火隔水蒸約 4 分鐘，熄火，取出，加入蔥花即成。

TIPS
蝦醬若不加糖，味道會太鹹。

蝦醬蒸鮮

材料

鮮魷魚 600 克，葱絲 2 湯匙，薑絲 1 湯匙，紅辣椒絲 1 湯匙

調味料

蝦醬 2 湯匙，米酒 1 湯匙，蒜茸、薑茸各 2 茶匙，糖 1.5 茶匙，麻油、胡椒粉各少許

醃料

鹽 1/2 茶匙，胡椒粉適量，米酒 1 茶匙，生粉 1 湯匙

做法

① 魷魚洗淨，抹乾水分，在背面剁十字花紋，切件，加入醃料，拌勻。

② 燒熱鑊，下油爆香調味料中的蒜茸、薑茸和蝦醬，加入其他調味料，煮滾待用。

③ 把魷魚鋪在碟內，撒上葱絲、薑絲和紅辣椒絲，用猛火蒸 5 分鐘即成。

生抽魷魚筒

材料

鮮魷魚 400 克
葱段、芫荽葉各 1 湯匙

醃料

生抽 2 茶匙

汁料

生抽、糖各 1/2 茶匙
油 1 茶匙，水 1 湯匙
生粉 1 茶匙，水 1 湯匙

做法

① 魷魚去除內臟，撕去外衣，洗淨，汆水，瀝乾水分，用醃料拌勻。

② 將魷魚筒用猛火蒸約 10 分鐘，取出，切圈上碟。

③ 煮滾汁料，勾芡淋在魷魚上，加上葱段、芫荽葉即可。

豉汁蒸花蛤

材料

花蛤 250 克
紅椒粒、葱茸各 1 湯匙

調味料

薑粒、豆豉各 1 湯匙
油、鹽各 1/2 茶匙
糖 1/4 茶匙
生粉各適量

做法

① 花蛤用淡鹽水浸數小時，洗淨，用滾水焯至蛤殼張開，排放碟上。

② 調味料拌勻，撒在花蛤上，用猛火蒸 6 分鐘取出，撒上紅椒粒、葱茸即成。

百花釀海參

材料

浸發海參、蝦仁各 300 克，豬肥肉 80 克，瑤柱 3 粒，薑 3 片，葱段 2 湯匙，鹽適量，上湯 1 杯

調味料

麻油、胡椒粉、生抽、鹽、糖、紹酒、生粉水各適量

做法

① 所有材料洗淨；蝦仁用鹽水汆水，剁碎；豬肥肉切小粒；瑤柱浸軟，蒸熟，撕成絲。

② 海參在中間切一刀，下薑片和葱段汆水，用上湯煮熟，瀝乾湯汁。

③ 拌勻蝦仁、豬肥肉和瑤柱，釀入海參內，隔水蒸 15 分鐘，取出，上碟待用。

④ 燒熱油鑊，加入調味料拌勻，煮至汁液濃稠，淋在海參表面，即可食用。

蒜油蒸扇貝

材料

扇貝 10 隻
芫荽葉 1 湯匙
熟油 1 湯匙

醃料

葱薑汁、米酒各 1 茶匙

調味料

紅辣椒茸、蒜茸各 1 湯匙
鹽 1 茶匙
胡椒粉適量

做法

① 扇貝殼刷洗淨，用刀從開口處輕輕撬開，去內臟，洗淨，再在扇貝肉上剝十字花刀，加醃料醃約 5 分鐘。

② 調味料放碗中拌勻，注入燒熱的熟油，拌成汁料。

③ 扇貝抹乾水分，整齊地排在碟上，淋上汁料，用猛火蒸約 5 分鐘至熟，撒上芫荽葉，即可。

蒜茸粉絲蒸帶子

材 料

鮮帶子 8 隻
粉絲 1 紮
葱茸 1 湯匙

調 味 料

薑茸 1 湯匙
蒜茸 1 湯匙
鹽 1 茶匙
生抽 1 茶匙

做 法

① 帶子洗淨，排放碟上。
② 粉絲以水浸開，剪碎。
③ 粉絲與調味料拌勻，放在每隻帶子上，用猛火蒸約 10 分鐘，瀝去多餘水分，撒上葱茸即可。

冬菇蒸帶子

材 料

冬菇（浸軟）10 朵
帶子肉 10 隻
瑤柱（浸軟）2 粒
葱茸 1 湯匙

汁 料

鹽、米酒各 1 茶匙
薑茸、蒜茸各 1 湯匙
生抽 1/2 茶匙
麻油適量
生粉 1 茶匙
上湯 150 毫升

做 法

① 瑤柱洗淨，蒸軟，瀝乾水分，以手撕成絲。
② 冬菇去蒂，洗淨，瀝乾水分，黑色部分向下，在面撲上生粉。
③ 帶子肉洗淨，瀝乾，釀在冬菇上，鋪上瑤柱絲，排在碟上，用猛火蒸 8 分鐘。
④ 煮滾汁料，撒上葱茸，淋在帶子上，即成。

豉汁蒸帶子豆腐

材料

帶子 8 隻
軟豆腐 1 磚
豆豉 1 茶匙
蒜茸 1 茶匙
葱花 1 茶匙

醃料

胡椒粉少許

調味料

蒸魚豉油 1 湯匙

做法

① 帶子洗淨，瀝乾水分，下醃料略醃。

② 豆豉洗淨，瀝乾水分。豆腐洗淨，瀝乾水分，切成 8 塊。

③ 豆腐放在蒸碟上，每塊豆腐上放一隻帶子，再鋪上蒜茸和豆豉。

④ 在鑊中放蒸架，加水至接近蒸架高度，燒滾水，將帶子豆腐用大火隔水蒸約 5 分鐘。熄火，取出，倒去水分，灑上葱花。

⑤ 另燒熱油，熄火，下蒸魚豉油略煮，淋在帶子面即成。

TIPS

板豆腐分軟和硬，軟豆腐宜蒸，硬豆腐宜煎。

雪耳蒸田雞

材料

田雞 400 克
雪耳、黑木耳各 10 克
薑 3 片，葱段 1 湯匙

醃料

生抽 1 湯匙
鹽 1/4 菜匙

做法

① 田雞劏好，洗淨，斬件，用醃料醃 30 分鐘。
② 雪耳、黑木耳浸軟，去蒂，洗淨後撕成小塊。
③ 拌勻所有材料，隔水蒸熟即成。

荷葉蒸田雞

材料

田雞 3 隻
金華火腿 1 湯匙
冬菇 80 克，薑 5 片
葱段 2 湯匙，杞子 1 湯匙
荷葉 1 塊

醃料

薑汁酒、生抽、生粉各 1 菜匙，鹽 1/2 菜匙
胡椒粉、麻油各少許

調味料

蠔油 1 湯匙，麻油 1 菜匙

做法

① 所有材料洗淨；金華火腿切成茸；冬菇去蒂，切片；杞子浸軟；荷葉汆水至變軟。
② 田雞劏好，去頭部和內臟，洗淨後切塊，用醃料醃 30 分鐘，加入冬菇和調味料，拌勻待用。
③ 把杞子、薑片和葱段排在荷葉上，加入田雞和冬菇，鋪上金華火腿茸，把荷葉摺好，隔水蒸 15 分鐘即成。

涼拌

清香木瓜絲

材料

青木瓜 1/2 個
油炸花生（去衣）30 克

調味料

魚露 1/2 湯匙
糖 1/2 茶匙
檸檬汁 1/2 湯匙
九層塔茸、紅辣椒茸各
1/2 湯匙

做法

① 青木瓜洗淨，去皮，切絲。
② 拌勻調味料，淋在青木瓜絲上，再放上花生即可。

TIPS
炸花生要用溫油，避免炸燶。

蔬果類 木瓜 涼瓜 青瓜

涼瓜鹹蛋 素

材料

涼瓜 1 個
熟鹹蛋 2 隻
紅蘿蔔片 1/4 杯

調味料

蒜茸 1 湯匙
花椒、鹽各 1 茶匙
糖 1/2 湯匙
麻油 1 湯匙

做法

① 涼瓜洗淨，去籽，切片後汆燙至熟，過冷河，瀝乾。
② 紅蘿蔔片汆燙至熟。
③ 鹹蛋去殼後切小粒。
④ 將調味料拌勻，加入涼瓜片、紅蘿蔔片、鹹蛋粒拌勻即可。

涼拌青瓜車厘茄 素

材料

青瓜 1 條
車厘茄 10 粒
冰塊適量

調味料

芥末 1 湯匙
生抽 1/2 茶匙

做法

① 青瓜洗淨，切幼絲，用冰水泡透。
② 車厘茄去蒂，洗淨，切半。
③ 將所有材料和調味料拌勻，上碟即可。

TIPS

應盡量選新鮮當造的車厘茄，否則會影響味道。如果買不到車厘茄，可把番茄切粒代替。

涼拌

麻香涼拌菠菜

材料

菠菜 600 克
芝麻 1 茶匙

調味料

芝麻醬 3 湯匙
蒜茸 1 湯匙
葱粒、薑茸、浙醋、麻油
各 1 茶匙
鹽 1/4 茶匙

做法

① 芝麻炒香。
② 菠菜洗淨，切去根部，用滾水煮熟，過冷河，瀝乾水分，排在碟上。
③ 拌勻調味料，淋上菠菜表面，撒上芝麻，即可食用。

雙筍拌茼蒿

材料

茼蒿 500 克
粟米筍 50 克
竹筍 50 克
炒香芝麻少許

調味料

薑絲 1 茶匙
生抽 1 茶匙
鹽 1/4 茶匙
麻油各少許

做法

① 茼蒿洗乾淨，切段，汆水，用凍開水過涼，瀝乾。
② 竹筍洗淨，去皮，切絲；粟米筍洗淨，切絲，汆水，瀝乾。
③ 將所有材料和調味料拌勻，灑上芝麻，上碟即可。

酸辣白蘿蔔

材料

白蘿蔔 600 克
指天椒 1 隻
鹽 1 湯匙

調味料

冰糖 300 克
白醋 2 量杯

做法

① 用慢火加熱白醋，加入冰糖，煮至糖溶，盛起待涼。
② 白蘿蔔去皮，洗淨，切片；指天椒洗淨，去蒂，切粒。
③ 拌勻白蘿蔔和鹽，醃 1 小時，瀝乾水分，加入指天椒粒和糖醋，拌勻後置雪櫃冷藏一晚。

七味涼拌番茄

材料

番茄 300 克

調味料

橄欖油、黑醋各 1 湯匙
七味粉 1 茶匙
砂糖 1/2 茶匙

做法

① 番茄洗淨，去蒂，切片。
② 拌勻調味料，淋在番茄表面，置雪櫃冷藏 2 小時，即可食用。

涼拌

麻辣拌蓮藕

材料
蓮藕 300 克
青瓜 80 克
辣椒粒 1 茶匙

調味料
糖 2 湯匙
白醋 1 湯匙
辣椒油、麻油各 1 茶匙
鹽 1/2 茶匙

做法
① 青瓜洗淨，切絲，汆水，瀝乾水分。
② 蓮藕洗淨；去皮，切薄片，汆水，瀝乾水分。
③ 拌勻所有材料和調味料，即可食用。

涼拌金菇

材料
金菇 300 克

調味料
葱茸、蒜茸各 1 湯匙
麻油 1 湯匙
鹽、糖各 1/2 茶匙
胡椒粉少許

做法
① 金菇切去根部，洗淨，汆水，瀝乾水分，上碟。
② 拌勻調味料，淋在金菇表面，即可食用。

芥末拌青瓜海蜇 經典

材料

海蜇皮 300 克
青瓜 1 條
芝麻 1 茶匙

調味料

芥末、生抽、麻油、浙醋
各 1 湯匙
糖 1/2 茶匙

做法

① 青瓜洗淨，切絲；芝麻炒香。

② 海蜇皮洗淨，切絲，汆水，過冷河，瀝乾水分，加入青瓜和調味料，拌勻，灑上芝麻即成。

涼拌

黑醋凉拌鮑魚

材料

罐頭鮑魚 1 罐
小青瓜 1 條
西生菜 150 克

調味料

黑醋 1 湯匙
麻油 1 茶匙
胡椒粉少許

做法

① 鮑魚瀝乾，切粒；小青瓜洗淨，切小塊；西生菜洗淨，切絲。
② 拌勻所有材料，淋上調味料再拌勻，即可食用。

凉拌銀魚秋葵

材料

秋葵 240 克
銀魚 40 克
蒜茸 1 湯匙

醃料

生抽 2 湯匙
浙醋、麻油各 1 湯匙
糖 1/2 茶匙

調味料

上湯 1/2 杯
鹽適量

做法

① 秋葵洗淨，去蒂；銀魚泡水洗淨。
② 將秋葵、銀魚分別汆水，浸入冷水中，待涼盛起，瀝乾。
③ 將所有材料和調味料拌勻，上碟即可。

魚子拌海鮮

材料

墨魚 500 克
蝦仁 80 克
西蘭花 240 克
魚子醬 1 湯匙

調味料

白醋 1/4 茶匙
蜂蜜 1/2 茶匙
檸檬汁 1/2 茶匙
柴魚上湯 50 克

做法

① 墨魚洗淨，剝花；蝦仁洗淨；西蘭花洗淨，切小朵。
② 將魚子醬和調味料拌勻。
③ 墨魚、蝦仁、西蘭花汆水後待涼，放在碟上，加魚子醬拌勻即可。

蝦米海帶絲

材料

海帶（浸發）200 克
五香豆腐乾 2 塊
蝦米（浸軟）1 湯匙

調味料

鹽、糖各 1/2 茶匙
生抽、麻油各 1 湯匙
薑茸 1 湯匙

做法

① 海帶洗淨，汆水，瀝乾，蒸熟，盛起，待涼後切絲，上碟。
② 五香豆腐乾洗淨，切幼絲，汆水，放凍開水中浸泡 5 分鐘，瀝乾，放在海帶絲上，撒上蝦米。
③ 將所有調味料拌勻，淋在海帶絲上拌勻即可。

涼拌麻辣海帶絲

材料

乾海帶 1 條
蒜泥 1 茶匙
花椒 1 湯匙
乾辣椒 4 隻
熟芝麻 1 茶匙

調味料

生抽、老抽各 1 湯匙
糖 1 茶匙，麻油 1 湯匙
醋 1/2 湯匙

做法

① 乾海帶刷洗乾淨，凍水浸軟，切絲，放入沸水中煮 10 分鐘，候涼待用。
② 把花椒、乾辣椒白鑊略炒，倒出。
③ 蒜泥與調味料拌勻，放入海帶絲、花椒、辣椒拌勻，上碟，撒上熟芝麻即成。

海蜇雙絲

材料

海蜇 600 克
雞胸肉 160 克
熟火腿絲 80 克
炒香白芝麻、麻油各少許
葱茸、芫荽碎各 1 湯匙

醃料

鹽、糖各 1/4 茶匙
蛋白 1 隻，生粉 1 茶匙

蘸汁（拌勻）

花生醬 2 湯匙
麻油、熟油各 1 茶匙

做法

① 海蜇皮摺起，切成幼絲，放熱水中燙過即盛起，用冷水沖洗三次，再放冷水中浸泡，每隔 30 分鐘換一次水，浸泡約 3 小時，盛起，瀝乾。
② 雞胸肉用醃料醃 10 分鐘，煮熟切絲，泡油，瀝乾。
③ 海蜇絲、雞絲、火腿絲放碟上，淋蘸汁，撒下芝麻、葱茸和芫荽碎，澆上麻油拌勻即可。

香麻海蜇雞腳

材料
海蜇 500 克
雞腳 6 隻
白芝麻 1 茶匙

醃料
生抽、麻油各 1 湯匙
胡椒粉少許

調味料
魚露 2 湯匙
麻油、辣椒油各 1 湯匙

做法
① 海蜇洗淨，切絲，汆水，過冷河，瀝乾水分，用醃料醃 30 分鐘。
② 雞腳洗淨，切去腳趾，用滾水煮熟。
③ 拌勻海蜇、雞腳和調味料，冷藏後灑上白芝麻，即可食用。

海膽醬拌海蜇皮

材料
海膽醬 1/3 杯
海蜇皮 80 克
麻油 1/2 湯匙

調味料
糖 1/2 湯匙
鹽 1 茶匙
米酒 2 茶匙

做法
① 將海蜇皮洗淨，泡水後約 1 小時，再以水沖洗多次，瀝乾，切長條。
② 將調味料與海膽醬拌勻後，加入海蜇皮拌勻，放雪櫃中冷藏約 3 小時即可。

涼拌

主編
李慧君

作者
何美好　梁燕　梁綺玲

編輯
謝妙華

美術設計
Nora Chung

排版
葉青

攝影
細權　Fanny　家家　黃家賢
David Lo Photography
輝　幸浩生

出版者
萬里機構出版有限公司
香港鰂魚涌英皇道1065號東達中心1305室
電話：2564 7511
傳真：2565 5539
電郵：info@wanlibk.com
網址：http://www.wanlibk.com
　　　http://www.facebook.com/wanlibk

發行者
香港聯合書刊物流有限公司
香港新界大埔汀麗路36號
中華商務印刷大廈3字樓
電話：2150 2100
傳真：2407 3062
電郵：info@suplogistics.com.hk

承印者
中華商務彩色印刷有限公司
香港新界大埔汀麗路36號

出版日期
二零一九年一月第一次印刷

萬里機構

萬里 Facebook